Shuwasystem Business Guide Book　How-nual

最新 電力システムの基本と仕組みがよ〜くわかる本

発電・送配電の仕組みと概要を掴む

［第2版］

木舟 辰平 著

秀和システム

●注意

(1) 本書は著者が独自に調査した結果を出版したものです。

(2) 本書は内容について万全を期して作成いたしましたが、万一、ご不審な点や誤り、記載漏れなどお気付きの点がありましたら、出版元まで書面にてご連絡ください。

(3) 本書の内容に関して運用した結果の影響については、上記(2)項にかかわらず責任を負いかねます。あらかじめご了承ください。

(4) 本書の全部または一部について、出版元から文書による承諾を得ずに複製することは禁じられています。

(5) 本書に記載されているホームページのアドレスなどは、予告なく変更されることがあります。

(6) 商標
本書に記載されている会社名、商品名などは一般に各社の商標または登録商標です。

はじめに（改訂にあたって）

　本書は、現在と次世代の電力システムの全体像と各構成要素について整理・解説した本です。初版の発刊は昨年３月ですが、その後１年半弱の間に電力システムを構成する各要素にはさまざまな動きがありました。

　昨年半ばにはベースロード市場や先物市場といった新市場が相次いで取引を開始しました。今年４月には東日本大震災後に立案された３段階の電力システム改革の総仕上げとして、大手電力の発送電分離が実施されました。一方で、自由化の進展はまだ不十分だとして、大手電力の小売部門に課せられた料金規制は存続しました。

　昨年９月には千葉県内で大停電が発生しました。その教訓も踏まえ、電気事業法が今年６月、５年ぶりに改正されました。再生可能エネルギー主力電源化に向けたFIT法の改正も同時に行われました。この２つの法改正を合わせて、発送電分離後の新たな電力システム改革の方向性が示されたと言えます。今回の改訂にあたっては、これら法改正の内容を中心に電力システムを巡る最新動向を可能な限り反映しました。

　そもそも電力システムとは何でしょうか。一義的には、電気が送り届けられる工学的な仕組みとして理解できます。つまり、電気を作る発電所と電気を運ぶ送配電網の総体が電力システムですが、こうした設備だけで電気の安定供給が保たれるわけではありません。さまざまな事業者や関連機関があらかじめ定められたルールに基づいて運営に携わることで、システムは日々機能しています。こうした制度面の要素も含めて、電力システムは成り立っています。

　その電力システムが今まさに大改革の渦中にあるわけです。改革の方向性を一言で言えば、複雑化の一途を辿っています。例えば、発電設備の面では、数十万kW規模の火力発電や原子力発電から、１万kWに満たない規模の太陽光発電など再生可能エネルギーに軸足が移ります。そのことにより、同じ量の電気でも安定的に供給するための手間が増すことは避けられません。制度面では、全国にわ

ずか10社の大手電力が独占的に事業を営んでいた時代が全面自由化によって終わり、電力ビジネスに携わる事業者の数がけた違いに増えていることが複雑化の要因になっています。

電力システムの仕組みがどんどん分かりにくくなる一方、社会における電力システムの重要性はますます高まっています。例えば、ポスト・コロナの時代において確実に増えていくオンライン上でのコミュニケーションを根底で支えるのは、安定して供給される電気エネルギーです。日本に暮らす誰もが、電力システムと無関係ではいられません。より良いシステムを作り上げるためにも、立場が異なる多くの人がシステム改革の動向に関心を持つことが求められています。

本書はこうした問題意識に基づき、現在と次世代の電力システムについて可能な限り噛み砕いて書くことを心がけました。10章構成で、第1章は現在のシステムの概略とシステムが改革を迫られている種々の要因について解説しています。最後の第10章で、これら要因に対する解となる次世代の電力システムの絵姿を示しています。この2つの章を読めば、システム改革の全体像と大きな方向性は掴めるはずです。

間の8つの章では、システムの各構成要素について網羅的に紹介しています。大まかに分ければ、第2章から第4章が従来のシステム要素、第5章と第6章が次世代型システムに新たに組み込まれる要素について、設備面の状況を核に整理しています。第7章から第9章は「自由化」「料金」「市場」という括りで、制度面の動向を中心に解説しています。

本書が多くの人にとって難解に映るであろう電力システムを理解する一助になれば、それに勝る喜びはありません。

2020年7月

木舟　辰平

CONTENTS

図解入門ビジネス
最新電力システムの基本と仕組みがよ～くわかる本 [第2版]
CONTENTS

はじめに ……………………………………………………………… 3

第1章 電力システムの基本

1-1	電力システムとは ……………………………	12
1-2	現代社会と電力 ………………………………	14
1-3	安定供給の確保 ………………………………	16
1-4	従来の電力システム …………………………	18
1-5	改革の要因① 東日本大震災 ………………	20
1-6	改革の要因② 全面自由化 …………………	22
1-7	改革の要因③ 東京電力の国有化 …………	24
1-8	改革の要因④ 地球温暖化対策 ……………	26
1-9	改革の要因⑤ 省エネ・需要減少 …………	28
1-10	改革の要因⑥ デジタル化 …………………	30
1-11	新たな電力システム …………………………	32
コラム	電力システムのない未来 …………………	34

第2章 水力・火力

2-1	水主火従・火主水従 …………………………	36
2-2	水力発電の基本 ………………………………	38
2-3	揚水発電 ………………………………………	40

2-4	火力発電の基本	42
2-5	石炭火力	44
2-6	天然ガス火力	46
2-7	石油火力	48
コラム	速く移動することは幸せですか	50

第3章 原子力

3-1	原子力発電の仕組み	52
3-2	軽水炉	54
3-3	原子力発電所の状況	56
3-4	原子力規制委員会・新規制基準	58
3-5	自主的な安全対策	60
3-6	廃炉	62
3-7	核燃料サイクル	64
3-8	高速増殖炉・高速炉	66
3-9	使用済み燃料の中間貯蔵	68
3-10	高レベル放射性廃棄物の処分	70
コラム	半世紀後には原子力復活？	72

第4章 送配電

4-1	送配電の仕組み	74
4-2	串刺し型ネットワーク	76
4-3	連系線・周波数変換所	78
4-4	無電柱化	80
4-5	送配電事業者	82
4-6	託送制度	84
4-7	自己託送・特定供給	86
4-8	同時同量の原則	88

4-9	計画値同時同量	90
4-10	インバランス料金制度の基本	92
4-11	インバランス料金制度の改良	94
4-12	インバランス料金制度抜本見直し	96
4-13	電力広域的運営推進機関	98
4-14	電源の接続ルール	100
4-15	給電ルール・再エネ出力抑制	102
4-16	連系線利用ルール	104
4-17	市場分断・間接送電権	106
4-18	ブラックアウト	108
コラム	電気はトラックで運べないから	110

第5章 再生可能エネルギー

5-1	再生可能エネルギーとは	112
5-2	固定価格買取制度（FIT）	114
5-3	FIT制度の見直し	116
5-4	FIP、地域活用電源	118
5-5	事業用太陽光発電	120
5-6	住宅用太陽光発電	122
5-7	風力発電	124
5-8	洋上風力発電	126
5-9	地熱発電	128
5-10	バイオマス発電	130
5-11	中小水力発電	132
5-12	海洋エネルギー	134
コラム	太陽光と「貧乏父さん」の不幸な関係	136

第6章 分散型システム

6-1	コージェネレーション	138
6-2	燃料電池	140
6-3	エネファーム	142
6-4	蓄電池	144
6-5	電気自動車	146
6-6	スマートメーター	148
6-7	計量制度	150
6-8	エネルギーマネジメントシステム	152
6-9	ZEH（ネット・ゼロ・エネルギー・ハウス）	154
6-10	未利用熱エネルギー	156
6-11	スマートコミュニティ	158
コラム	電気がコミュニケーションツールに	160

第7章 電力自由化

7-1	9電力体制	162
7-2	小売部分自由化	164
7-3	小売全面自由化	166
7-4	小売電気事業者	168
7-5	小売の事業モデル	170
7-6	大口市場の現況	172
7-7	家庭市場の現況	174
7-8	都市ガス自由化	176
7-9	大手電力間競争	178
7-10	電力・ガス取引監視等委員会	180
7-11	発送電分離	182
7-12	非化石電源の比率目標	184
コラム	市民に対案を考えるヒマなどない	186

第8章 電気料金

8-1	料金規制	188
8-2	総括原価方式	190
8-3	三段階料金制度	192
8-4	燃料費調整制度	194
8-5	自由料金メニュー	196
8-6	国内外の料金水準比較	198
8-7	料金規制の撤廃	200
8-8	最終保障・離島供給	202
8-9	再エネ賦課金、電源開発促進税	204
8-10	託送料金	206
8-11	託送料金改革① 発電側基本料金	208
8-12	託送料金改革② レベニューキャップ方式	210
コラム	"規制なき現状維持" という不安定	212

第9章 電力市場

9-1	電力市場の基本	214
9-2	発電自由化	216
9-3	発電市場の構造	218
9-4	発電事業者	220
9-5	日本卸電力取引所（JEPX）	222
9-6	スポット市場	224
9-7	スポット市場の活性化策	226
9-8	時間前市場	228
9-9	先渡市場	230
9-10	ベースロード市場	232
9-11	常時バックアップ・相対取引	234
9-12	Jパワー・公営水力	236

9-13	先物市場	238
9-14	調整力公募	240
9-15	需給調整市場	242
9-16	非化石価値取引	244
9-17	容量市場	246
コラム	安定供給という"錦の御旗"	248

第10章 次世代の電力システム

10-1	電力システム改革とは	250
10-2	ネットワークの進化	252
10-3	日本版コネクト&マネージ	254
10-4	分散型グリッド、配電事業	256
10-5	VPP（仮想発電所）	258
10-6	デマンドレスポンス	260
10-7	P2G（パワー・ツー・ガス）・水素発電	262
10-8	P2P（直接取引）	264
10-9	ワイヤレス給電	266
10-10	プラットフォーム型ビジネス	268
10-11	小型モジュール炉	270
10-12	国際送電網	272
コラム	国際送電網と21世紀のアジア主義	274

| 索　引 | 275 |

第 **1** 章

電力システムの基本

　電気を作る発電所と、作った電気を運ぶ送配電網で構成される電力システム。日本の現在のシステムは、戦後から高度経済成長期にかけて形成されたものです。それが様々な要因によって現在、改革の入り口にあります。東日本大震災が変化を促す大きな契機になったことは間違いありません。地球温暖化対策の本格化や、IoT（モノのインターネット）などデジタル技術の発展も、今後の電力システムのあり方に大きな影響を及ぼします。自由化の進展はシステム改革の一部であるとともに、改革を前に進める原動力になるでしょう。

図解入門
How-nual

1-1

電力システムとは

電力システムとは、電気を作り（発電）、送り届ける（送配電）一連の仕組みのことです。電気を安定的に生産して供給するシステムが実用化されたことで、電気エネルギーは経済的価値を持つ商品になりました。

▶▶ エジソンが発明

電気のエネルギーとしての力は、**電流**と**電圧**の大きさによって決まります。電流とは、原子の枠を越えて電子が動き続けている状態のことです。その量はA（アンペア）という単位で計ります。1秒間に1クーロンの電子が流れる時の電流の大きさが1Aです。

電流が流れると、その周囲には垂直方向の同心円状に磁界が発生します。電流が下向きに流れる時、磁界の向きは時計回りになります。「右ねじの法則」と名づけられたこの現象の原因と結果を逆転させれば、磁界から電流を作り出すことができます。磁石を近づけたり遠ざけたりすることで、螺旋階段状に巻いた針金（コイル）に電流が流れるのです。イギリスの物理学者ファラデーが1831年に発見した電磁誘導と呼ばれる現象です。

実用化されている発電機は、この電磁誘導の原理を応用しています。つまり、発電機とは何らかの力で磁石を回転させることで、磁石の周囲に巻かれたコイルに電流を流す装置なのです。こうして作られた電気は、送電線を通して離れた場所に届けることができます。その際、電流を流し込む力が電圧で、単位はV（ボルト）です。

電流と電圧を掛け合わせたものが電力です。つまり、電力は電流によって単位時間になされる仕事の量です。単位はW（ワット）で、「A×V＝W」という式が成り立ちます。経済商品としての電力は、この「W」に時間「h」を掛けた「Wh」という単位で取引されています。これが電力量です。例えば、100Wの電力が1時間続けて供給されれば、100Whの電力量が消費されたことになります。

電力システムを構築して電力を商品として供給する事業を最初に始めたのは、あの発明王トーマス・エジソンです。エジソンは1882年、米国ニューヨーク市内に火力発電所と約30kmの配電線を整備して、近隣の電灯に電気を供給しました。これが世界初の商用の電力システムなのです。

1-1 電力システムとは

電流と電圧

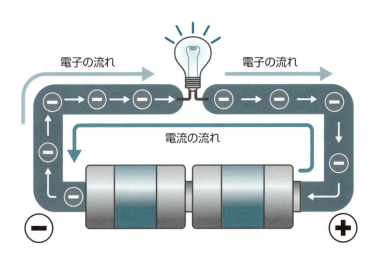

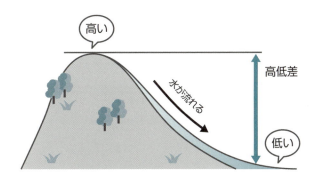

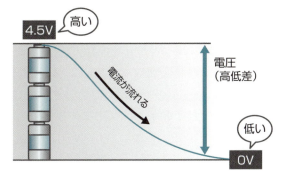

1-2
現代社会と電力

ほとんどの人にとって、電気のない生活はもはや現実的ではないでしょう。世の中の多くの機能は電気エネルギーによって維持されています。電力システムは現代社会を支える最重要インフラと言えます。

▶▶ 数時間の停電も大ニュース

この原稿は、LED照明が灯り、冷房が効いた喫茶店で、ノートパソコンを使って書かれています。店内にはゆったりしたBGMが流れ、隣の人はスマートフォンで何やら楽しんでいます。これらの機器は全て電気で動いています。こうした日常の一場面からも、電気を安定的に供給するシステムが現代社会を支える最重要インフラであることは分かります。

他のエネルギー商品と比べて電気が大きく劣っている分野は、特に家庭など民生部門では少なくなっています。家庭における調理用燃料は従来、都市ガスやLPガスの独壇場でしたが、今ではIHクッキングヒーターも多く選択されています。ガソリンなど石油系燃料の牙城だった自動車の動力も、電動化の流れが確実に進んでいくでしょう。

実際、日本全体のエネルギー消費量に占める電気エネルギーの比率である「電力化率」は右肩上がりで伸びています。1970年には12.7%でしたが、2016年度には25.7%まで高まっています。この傾向は今後も続くと考えられています。

電気エネルギーへの依存度が高くなることは反面、電力供給が途絶えた際の社会全体への悪影響も大きくなることを意味します。例えば、2018年9月の北海道胆振東部地震で**ブラックアウト**が発生した際には、町中の信号機が使用不能になり、札幌市内の地下鉄も運休になるなど、市民生活は大きな影響を受けました。人口が密集し、社会機能が集中する大都市圏での数時間に及ぶ停電は、それだけで新聞やテレビにおけるトップニュース級の"大事件"になります。

そのため、高い供給安定性は**電力システム**の構築にあたっての最重要課題です。とはいえ、安定供給だけを追求していればいいわけではありません。市民生活や産業活動を支えるエネルギーである以上、最大限効率的であることも求められます。CO_2の排出量など環境負荷にも配慮する必要があります。

14

1-2 現代社会と電力

電力化率の推移

(注1) 電力化率(%)＝電力消費÷最終エネルギー消費×100。

出典：エネルギー白書2018

家庭部門のエネルギー消費量に占める電気の割合

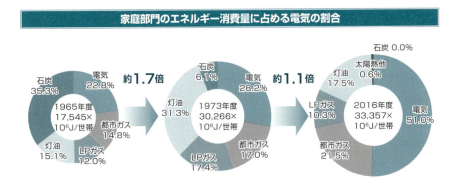

出典：電力・ガス取引監視等委員会資料

1-3
安定供給の確保

電力の安定供給に万全を期すためには、需要に対して十分な発電設備を持つことが不可欠です。日本全体の需要と供給のバランスに問題がないかどうか、10年先までの状況が毎年度、確認されています。

▶▶ 予備率8%が必要

日本の2019年度の電力需要は8,799億kWhでした。工場など産業用、商業ビルなど業務用、家庭用の3部門がほぼ3分の1ずつ消費しています。電力の安定供給を維持するためには、当然のことですが、これだけの電力需要をまかなえるだけの発電設備が存在していることがまず必要です。

従来の**電力システム**の下で、その基準として参照されてきたのは、1年間で最も電気が使われた時間帯の量である**最大電力**（kW）です。最大電力が発生した際に需要を十分にまかなえるだけの発電設備があれば、設備に問題がないのに燃料不足で稼働できないといった不測の事態が起きない限りは、1年を通して電気が足りなくなることはないからです。

こうした考え方に基づき、10年先まで想定される最大電力に対して十分な発電設備が存在するかどうかが、発電事業者などが提出した計画に基づいて毎年度確認されています。具体的には日本全体で最大電力の8%分の予備力が確保されていれば、突然の発電設備トラブルなどの供給側の要因、あるいは異常な猛暑や極寒など需要側の要因が発生したとしても、安定供給に支障はないと判断されます。

ただ、供給安定性を確保するこうした基準のあり方も、見直しが必要になっています。例えば、**太陽光発電**の導入拡大により、1年間で最大電力が記録される真夏の日中の時間帯の需給だけを確認するのでは不十分になっています。夜は日中に比べれば需要は減る一方、太陽光発電は稼働を停止するため、需給バランスがよりタイトになる可能性もあるからです。

供給安定性のレベルをより精緻に把握するため、**EUE**（Expected Unserved Energy）という新たな指標を採用することが決まっています。EUEとは需要が供給を上回ると想定されうる時間帯における1年間の供給力不足量の合計のことです。電力システムが再構築される中で、こうした指標も適宜改良されるでしょう。

1-3 安定供給の確保

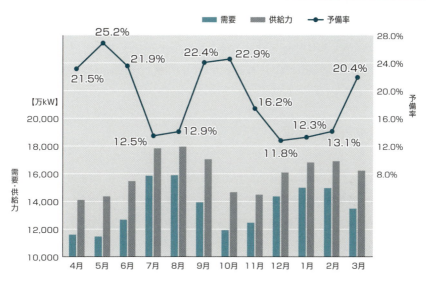

出典：2020年度供給計画

出典：2020年度供給計画

1-4
従来の電力システム

　日本で戦後に構築された電力システムは、大規模水力や火力、原子力といった大型電源にもっぱら依存するものでした。発電所の大型化に伴い立地場所は都市部を離れ、送電距離は長くなりました。

▶▶ 大型発電＋長距離送電

　電気という2次エネルギーは、さまざまな1次エネルギーから作ることができます。複数の1次エネルギーをバランスよく組み合わせることが、供給安定性や効率性の高い**電力システム**を維持する観点から重要です。同じ火力発電でも天然ガスや石炭など複数の燃料を使用することで、一つの燃料の需給ひっ迫や価格高騰の影響を緩和することが可能です。

　東日本大震災が年度末に発生した2010年度の各電源種の発電量の比率は、**原子力**26%、**石炭火力**27%、**天然ガス火力**28%、水力9%、**石油火力**等9%、水力以外の**再生可能エネルギー**等1%でした。電気のほとんどが大型電源である火力と原子力で作られていたことが分かります。大型発電所の多くは都市部から離れたところに立地しており、電気は長い距離をかけて運ばれていました。

　各電源種には供給安定性や経済性の観点から異なる役割が与えられています。1日24時間のサイクルで見ると、深夜は電気があまり使われない一方、人々が活動し工場等も稼働する日中に使用量は大きく伸びます。それに応じて、稼働する発電所の数や発電出力の大きさは変わるのです。

　深夜帯も含めて基本的に一定出力で24時間運転し続けるのが、**ベースロード電源**です。その上に乗るかたちで需要変動にある程度対応しながら稼働するのが**ミドル電源**です。そして、需要変動への機動的な対応が可能で発電量の最終的な調整を担うのが**ピーク電源**です。

　原則的に発電単価が安い順にベースロード→ミドル→ピークの役割が与えられます。日本ではベースロード＝原子力、石炭火力、一般水力、地熱、ミドル＝天然ガス火力、ピーク＝石油火力、揚水という役割分担が基本的に割り振られてきました。

　以上が戦後に構築された従来の電力システムの大まかな絵姿です。このシステムが現在、さまざまな要因により変革の入り口にあるのです。

1-4 従来の電力システム

電源構成

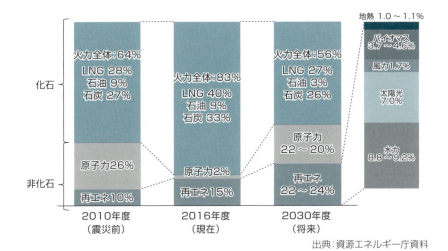

出典：資源エネルギー庁資料

各電源種の役割

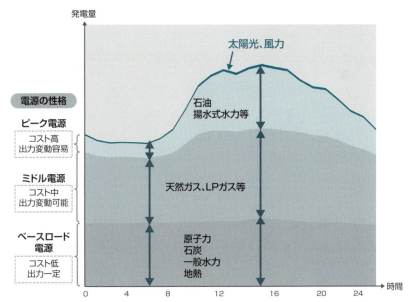

ベースロード電源：発電コストが低廉で、昼夜を問わず安定的に稼働できる電源
ミドル電源：発電コストがベースロード電源に次いで安く、電力需要の変動に応じた出力変動が可能な電源
ピーク電源：発電コストは高いが電力需要の変動に応じた出力変動が容易な電源

1-5

改革の要因① 東日本大震災

2011年3月11日の東日本大震災により東京電力の福島第一原子力発電所は爆発し、放射性物質で外部環境は広範に汚染されました。他にも複数の発電所が被災したために、首都圏では計画停電が実施されました。

▶▶ 原発事故と計画停電

福島第一原発は全6基の発電容量が合計約470万kWの巨大発電所でした。東日本大震災当日、運転中だった1〜3号機はいずれも地震やその後の津波によって原子炉内の水冷ポンプなどの冷却装置が正常に作動しなくなりました。東北電力からの系統電力が途絶えたことに加え、非常用のディーゼル発電機も津波により動かなくなったからです。全電源喪失という非常事態です。

最終手段だった非常用炉心冷却装置も使い物にならなくなり、原子炉内のウラン燃料が核分裂を起こす可能性がないほど十分に低温である「冷温停止状態」にすることに失敗しました。これにより臨界状態にあったウラン燃料が高温で熱を発し続け、建屋が吹き飛ぶほどの大爆発が起きたのです。

福島第一原発以外にも北関東から福島県の太平洋岸に立地していた原子力発電所や大型火力発電所は軒並み停止しました。東電はその結果、供給エリアである首都圏の全需要の約4分の1に当たるだけの供給力が不足するという深刻な状況に陥り、週明けの14日から計画停電の実施を余儀なくされました。病院など一部の施設は対象外になりましたが、一般の人々の電気に対する切実度は全く考慮に入れられず、停電の時間帯が問答無用で指定されました。

福島第一原発の事故と首都圏における計画停電。この2つの"大事件"は、従来の電力システムが抱える安定供給上の課題をあぶり出しました。例えば、電気の大消費地である都市部から遠く離れたところに大型の発電所が集中的に立地し、長距離送電線で電気を運ぶ仕組みが深刻な供給途絶リスクを内包していたことが分かりました。

また、電力という商品に対して需要家が極めて受動的な存在であることも再認識されました。自身の電力消費量などのデータを持っておらず効果的な節電を主体的に行なえない状況では、画一的な計画停電を受け入れざるを得ませんでした。

1-5 改革の要因① 東日本大震災

第1章 電力システムの基本

福島第一原発事故に至るプロセス

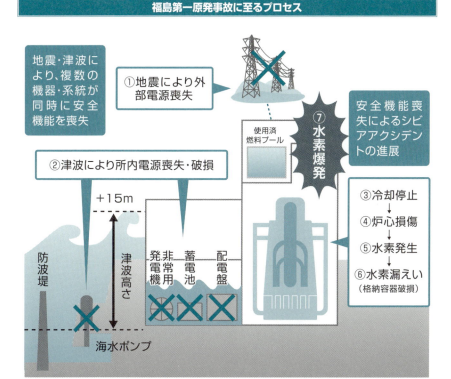

出典：原子力規制委員会資料

計画停電の実施イメージ

計画停電対象を5グループに分割。各グループの停電は3時間／回

1-6

改革の要因② 全面自由化

2016年の小売全面自由化は、大手電力の精神性を変革する契機になりました。業界の従来の常識に捉われない事業者の参入も促しています。このことは電力システムの再構築に向けて"土壌改良"の役割を果たしています。

▶▶ 多種多様な事業者が参入

戦後長らく、日本の電気事業は東京電力、中部電力、関西電力など**大手電力**10社が各地で独占的に事業を営む産業構造でした。10社はそれぞれ供給区域を持ち、各々の領域を侵犯することは互いにありませんでした。電力会社を主体的に選択できない以上、需要家が電気事業に積極的に関心を持つ契機はなく、それなりの価格で必要な電気をいつでも使えている限りは、**電力システム**のあり方に興味を持つ人もほとんどいませんでした。

こうした状況は大手電力10社にとって居心地の良いものだったと言えます。そのため、「お客さまに迷惑はかけない」という美名のもとに、需要家が電力システムに関与する余地をできるだけ狭めてきました。また、自分たちの安寧を妨害しかねない新たな動きに対しては、その芽を業界一丸となって摘み取ってきました。

例えば、大手電力の競争力の源泉である火力や**原子力**などの大型発電所中心の電力システムが存続する限りは彼らの天下は揺るぎません。そのため、その潜在的な脅威となりうる**再生可能エネルギー**など**分散型電源**に対しては、電力システムに対するパラサイト（寄生虫）だと位置づけ、首尾よく排除してきました。

こうした大手電力の姿勢がこれまで、電力システムの革新を抑制してきたことは否めません。1990年代半ばに始まった電力自由化においても新電力のシェアは一向に伸びず、原子力を"人質"に取った大手電力の抵抗により、失敗の烙印を押されかけていました。ですが、そんな状況は**東日本大震災**を経て、2016年4月に小売全面自由化が実施されたことで大きく変わっています。

全面自由化によって需要家の意向や関心と誠実に向き合う必要性が生じたことで、大手電力の精神性は大きく変わりつつあるようです。また、新たに電力ビジネスに参入した、従来の電力業界の常識に捉われない多種多様な事業者の存在も、電力システムの転換を促す大きな力になると期待されます。

1-6 改革の要因② 全面自由化

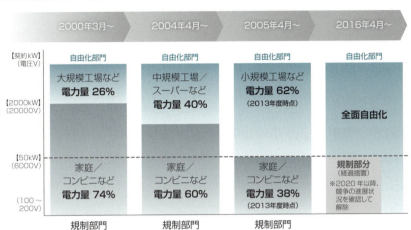

出典：資源エネルギー庁資料

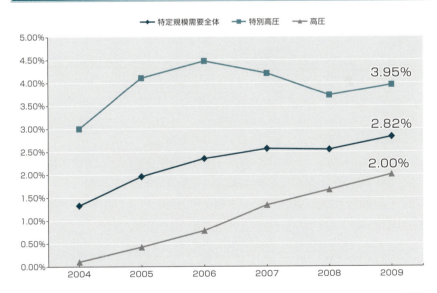

※2004年度のシェアは2005年度と同様、高圧50kW以上の需要に対するシェアを記載。（統計の制約から、高圧50kW以上の需要には、選択約款の対象需要をすべて計上）

出典：発受電月報

1-7

改革の要因③ **東京電力の国有化**

福島第一原発の事故により賠償費など巨額の負担を背負った東京電力は、存続するため国の資本を受け入れました。これにより経済産業省の先兵として、自由化などシステム改革をけん引する企業へと生まれ変わりました。

▶▶ 守旧派の盟主から改革の旗手へ

東日本大震災までの東電は自他ともに認める電力業界の盟主でした。自由民主党と共存共栄の関係で太いパイプを持ち、日本のエネルギー政策を左右する力すら持っていました。実際、監督官庁である経済産業省の向こうを張って、自由化政策を骨抜きにしてきました。

それが**福島第一原発**の事故により一変します。東電は生き残って福島の責任を果たし続けるために、国の資本を受け入れました。その結果、守旧派の象徴だった東電は、一転して改革の旗手になりました。**9電力体制**の最大の守護者だった東電は、同体制を破壊する側にまわったのです。

大手電力にとっては極めて受け入れ難く、大震災前の電力関係の審議会では"放送禁止用語"ですらあった**発送電分離**を制度化の前に自ら実施したことは象徴的です。東電は2016年4月、持ち株会社制に移行しました。現在は原子力部門などを抱える持ち株会社の下に、発電会社「東京電力フュエル＆パワー」、送配電会社「東京電力パワーグリッド」、小売会社「東京電力エナジーパートナー」、再生可能エネルギー発電会社「東京電力リニューアブルパワー」を置いています。

東電に与えられたミッションは、福島への責任を果たすため、とにかく稼ぎまくることです。そのため、他の大手電力のエリアに積極的に進出しており、業界再編へ向けても主導的な役割を果たそうとしています。東電フュエル＆パワーの燃料調達と火力発電事業は中部電力との合弁会社**JERA**へ承継しました。

東電国有化が市場競争を歪ませているとの批判もあります。自由化政策の立案者である経産省が、激しい競争が繰り広げられている市場の1プレーヤーである東電の株主であることは確かに問題だと言えるでしょう。一方で、日本最大の電力会社である東電が率先して変化していることがシステム改革を前に進める大きな要因であることも間違いありません。

1-7　改革の要因③　東京電力の国有化

東電国有化に至る判断

2011年3月　異常な天変地異とみなし、東電を免責するか

✕ 免責する＝国が負担　　**免責しない＝東電の負担**

▼

2011年5月　東電に無限責任を負わせるか

✕ 有限責任＝国も負担　　**東電の無限責任**

▼

2011年6月　東電を法的整理するか（倒産させるか）

✕ 法的整理する
＝被災者の債権もカット　　**被災者重視で法的整理せず**

▼

2011年8月、2012年7月　福島の事故費用（賠償、廃炉）を東電だけで
背負いきれるか

2011年8月原賠機構法制定 ➡ 2012年7月東電国有化

出典：経済産業省資料

会社分割後の東京電力

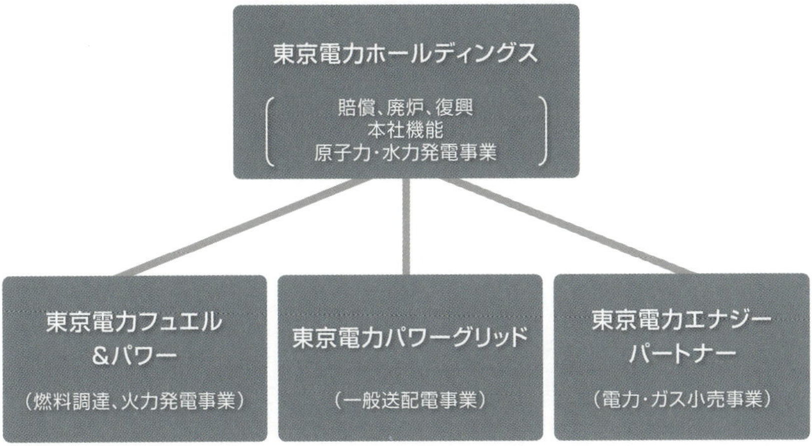

東京電力ホールディングス

賠償、廃炉、復興
本社機能
原子力・水力発電事業

**東京電力フュエル
＆パワー**

（燃料調達、火力発電事業）

東京電力パワーグリッド

（一般送配電事業）

**東京電力エナジー
パートナー**

（電力・ガス小売事業）

※すべて100％子会社。2020年4月には再エネ事業も「東京電力リニューアブルパワー」として独立。

第1章　電力システムの基本

25

1-8

改革の要因④ 地球温暖化対策

2015年のパリ協定採択により、地球温暖化抑制に向けた取り組みは待ったなしになりました。脱炭素社会に向けて、電気の徹底的な低炭素化はもはや至上命題です。CO_2フリーの電気への需要家のニーズも高まっています。

▶▶ 再エネ100％目指す動きも

2015年に開かれた国際会議COP21（国連気候変動枠組条約第21回締約国会議）で**パリ協定**が採択されたことで、**地球温暖化**抑制のための世界の取り組みは新たな段階に入りました。パリ協定は産業革命前と比べて気温上昇を2度未満に抑えるという目標を設定しました。そのためには、今年度後半にCO_2など温室効果ガスの排出量と、森林吸収などによる除去量を均衡しなければいけません。

CO_2を極力排出しない低炭素社会への移行はすでに現実的な課題なのです。電力はこの影響を最も受ける産業といえます。日本が排出する温室効果ガスの約90％がエネルギー起源で、そのうちの約4割が電力部門だからです。

日本は国際公約として、温室効果ガス削減の中期と長期の目標を設定しています。中期目標は、30年までに13年比で26.0％の削減です。電力部門は単位当たりのCO_2排出量の低減が課せられていますが、徹底した省エネや火力発電の高効率化などを進めた上で、**原子力22〜20％**、**石炭火力26％**、**天然ガス火力27％**、**再生可能エネルギー22〜24％**、**石油火力3％**という電源構成比率を実現すればその目標はクリアできます。

中期目標が、このように現在の取り組みの延長線上で達成できるのに対し、50年に80％削減という長期目標のハードルは段違いに高くなります。電力の脱炭素化を目指すことは避けられず、その実現は現在の**電力システム**のままではもはや不可能だと言わざるをえません。

温暖化対策の本格化は需要家の意識も変えています。大口需要家からは再エネの電気を求める声が高まっています。使用する電力の再エネ100％化を目指す企業で構成されるプロジェクト**RE100**は広がっており、20年3月時点で日本企業もリコーや積水ハウスなど30社以上が参加しています。需要家のこうした動きも間違いなく、電力システム改革の大きな推進力になります。

1-8 改革の要因④ 地球温暖化対策

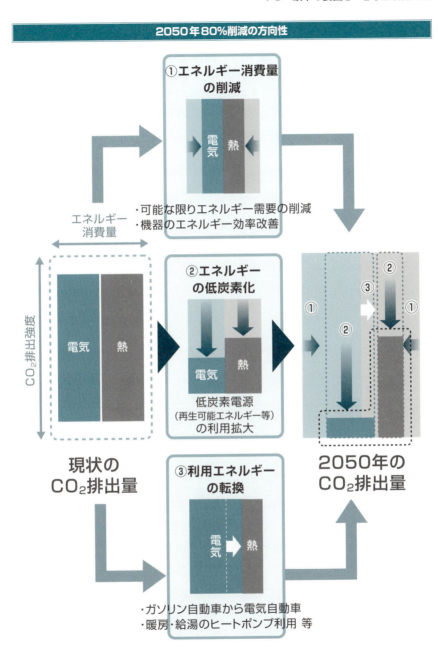

出典：環境省「長期低炭素ビジョン」

1-9

改革の要因⑤ 省エネ・需要減少

省エネの進展や人口減少により、日本の電力需要はゆるやかに減少していく見通しです。電化の進展が需要を下支えする可能性もありますが、いずれにせよ、電力需要が大きく伸びる時代はすでに終わっています。

▶▶ エネルギーマネジメントに活路

電力も含めた日本のエネルギー需要は減少に転じています。経済規模が拡大する時期はとうに終わっており、人口も減り始めているからです。こうした傾向に拍車をかけるのが、環境負荷低減の観点から強力な政策的後押しを受ける徹底した**省エネルギー**の推進です。政府のエネルギー基本計画では、2030年度のエネルギー消費量を13年比で原油換算5,030万kl分削減するとの目標が掲げられています。**東日本大震災**以降、大きく進展している省エネですが、**地球温暖化**抑制のためさらに一層求められています。

そのため、電力需要は徐々に減っていく可能性が高いです。**電力広域的運営推進機関**が策定した20年度の需要想定では、29年度までの10年間で需要は緩やかに減少していくとの見通しが示されました。全国の電力需要は20年度の約8,818億kWhから29年度には約8,721億kWhに減ります。**最大電力**も20年度の約1億5,874万kWから、29年度は約1億5,666万kWに下がります。

電気自動車の普及など需要増になりうる要因もあるため、この想定通りにいかない可能性もあります。とはいえ、間違いないことは、地球温暖化という人類全体が直面する危機を前にして、CO_2を排出させて作った電気の拡販にまい進することはもはや社会通念上許されないということです。また、**再生可能エネルギー**の**自家消費**という形態が拡大することで、電気は電力会社から買うものだという従来の常識が覆る可能性も出てきています。

こうした状況下で、電力会社は従来の発想の延長線上ではじり貧になる可能性が高く、意識の変革を迫られています。単に電気を売る会社から、省エネや省CO_2などのサービスを含めて需要家の最適なエネルギー調達を実現する**エネルギーマネジメント**事業者への進化が一つの方向性でしょう。こうした電力ビジネスの変化と電力システムの変革は今後、関連しながら進むはずです。

1-9　改革の要因⑤　省エネ・需要減少

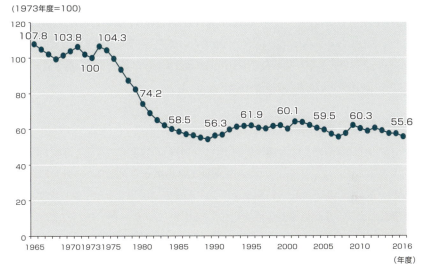

製造業のエネルギー消費原単位の推移

出典：エネルギー白書2018

家電の省エネの進展

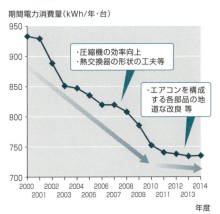

エアコン（家庭用）の期間電力消費量の推移
・圧縮機の効率向上
・熱交換器の形状の工夫等
・エアコンを構成する各部品の地道な改良　等

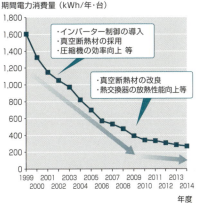

電気冷蔵庫（家庭用）の期間電力消費量の推移
・インバーター制御の導入
・真空断熱材の採用
・圧縮機の効率向上　等
・真空断熱材の改良
・熱交換器の放熱性能向上等

出典：資源エネルギー庁資料

1-10

改革の要因⑥ **デジタル化**

電力の世界にもデジタル化の波が押し寄せています。発電側と需要側の双方の機器がインターネットにつながることで電気に関するさまざまなデータが把握可能になり、新たな電力システムの可能性が広がります。

▶▶ あらゆるものを数値化する

デジタル化によりあらゆる情報が数値化され分析の対象になることは電力の世界にも大きな影響を及ぼすでしょう。**再生可能エネルギー**の大量導入も徹底した**省エネルギー**も、より高い次元への到達がデジタル技術によって可能になります。**電力システム**のデジタル化は電気の脱炭素化に向けて、システムそのものの大変革を引き起こすに違いありません。

先行してデジタル技術の活用が進んでいるのは、既存インフラの効率性向上への取り組みです。例えば、火力発電所では、タービンやボイラーなどの機器にセンサーを設置して収集したビッグデータをAI（人工知能）が分析することで運用改善につなげ、メンテナンス費用の削減などを実現しています。送配電設備の保守点検作業も、デジタル技術の活用により省人化や効率化が可能になりつつあります。

近い将来には、電力システムを構成する発電・送配電の設備や、電化製品などの需要側機器が**IoT**（モノのインターネット）技術によって全てつながり、膨大な情報が**ビッグデータ**として日々蓄積されることになるでしょう。そのデータを**AI**が分析することで、従来の技術ではありえなかった効果やサービスが生まれると考えられています。自由化した市場の中で競争に勝ち残るのは、こうしたデジタル技術を活用した新たな事業モデルの構築に成功した企業かもしれません。

新サービスの提供者として、新電力も含めた現在の電力会社以外の事業者が電力システムに関与するケースも増えるでしょう。**大手電力**によって設置が進められている**スマートメーター**が収集するデータが、さまざまな主体によって活用されることが想定されています。

一方で、デジタル化がバラ色の未来を生み出すわけではありません。電力使用量という個人情報が流出しないよう、厳格な管理が求められます。システム全体のデジタル化が進む中で、**サイバーセキュリティ**対策も重要な課題になっています。

1-10 改革の要因⑥ デジタル化

デジタル技術の活用可能性

	目的・提供価値	代表的な取組事例
新規事業創出	エネマネサービス開発等	・ブロックチェーンP2P電力取引【送配電・小売】 ・分散型需給システムの構築【送配電・小売】
	エネルギー以外の新規サービス開発	・電力使用量データ（スマートメーター）の活用【送配電・小売】
収益性改善	自動・最適制御化 （最適制御等）	・IoT,AI技術等を利用した発電所の超高効率運転【発電】 ・小売電気事業者による最適な調達計画・収益性分析【送配電・小売】
	省人化・保安力 （遠隔化・自動化）	・IoT,AIを活用した保安技術の向上【発電・送配電】 (ex.送電線外観点検、鉄塔劣化診断におけるドローン活用等)
	情報化 （形式知化・予測・共有）	・小売電気事業者による最適な調達計画・収益性分析【小売】 ・再エネ出力予測【送配電】

出典：資源エネルギー庁資料

IoT機器（センサー）からクラウド（サーバ）へのデータ蓄積のイメージ

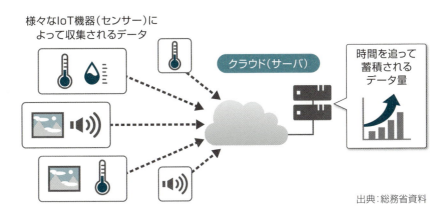

出典：総務省資料

1-11
新たな電力システム

地球温暖化をはじめとする社会的課題に対して、電力産業は適切かつ迅速に対応することが求められています。東日本大震災後に大きく前へ進み出した日本の電力システム改革は、これから新たな次元に入っていきます。

▶▶ 「3E＋S」を高度な次元で

電力を含むエネルギー政策は3E＋Sの視点から考える必要があるというのは、関係者の常識です。3つのEとは、「Economical efficiency（経済性）」「Environment（環境性）」「Energy security（供給安定性）」、最後のSは「Safety（安全性）」です。

電力システムのあり方を検討する際には、これらの4つの要素全てを念頭に置く必要がありますが、それは一筋縄にはいかない難解な作業です。全ての要素を高いレベルで満たす理想的な発電方法などないからです。

ただ、4つの要素のうち、環境性の視点は以前に比べて重みを増していると言えそうです。**パリ協定**発効に伴い電気の脱炭素化が至上命題になっているからです。一方で、**東日本大震災**前には**地球温暖化**対策の柱として位置付けられていた原子力発電が、**福島第一原発**の事故により、社会的信頼性を大きく損ねました。政府は原発推進の立場を変えていませんが、原発に大きく依存した地球温暖化対策はもはや現実的ではありません。

では、「3E＋S」の要素を高度な次元で満たす、今後の時代に適合的な新たな電力システムとはどのようなものでしょうか。結論を先取りしていえば、発電側では太陽光や風力などの**再生可能エネルギー**の比率が大きく高まり、**分散型電源**が主役となるシステムになるでしょう。こうした発電側の変化に対応して送配電側の変革も求められます。

実際、国の電力政策もその方向に舵を切り始めています。とはいえ、再エネにも課題は多くあります。安定供給上、火力発電の果たす役割はまだまだ大きいですし、原子力発電の将来性が完全に失われたわけでもありません。国有化された東電の動向を含めて自由化された市場の動きや電力需要の推移も、今後のシステムのあり方と密接に関わってきます。デジタル技術の進歩は日進月歩で、新たなシステムの全体像は今後徐々に明瞭になっていくでしょう。

1-11 新たな電力システム

3E＋S

"3E"（3つの"E"）
- Energy Security：安定供給
- Economic Efficiency：経済効率性の向上
- Environment：環境への適合

＋

"S"
- Safety：安全性

2030年の目標実現は道半ば

①省エネルギー
2030年度に0.5億kl程度削減を見込み、2016年度時点の削減量は880万kl程度

②ゼロエミッション電源比率
2030年度に44％程度を見込み、2016年度は16％（再エネ15％,原子力2％）

③エネルギー起源CO_2排出量
2030年度に9.3億トン程度を見込み、2016年度時点で11.3億トン程度

④電力コスト
2030年度に9.2～9.5兆円を見込み、2016年度時点で6.2兆円程度

⑤エネルギー自給率
2030年度に24％を見込み、2016年度時点で8％程度

出典：資源エネルギー庁資料

電力システムのない未来

　公益性の高い社会インフラである電気事業は、自由化されたからといって全てが市場原理に委ねられるわけではありません。高い供給安定性の維持や電気の脱炭素化の推進という政策課題の実現のためには全てを市場に任せるわけにはいかず、何らかの制度や規制が今後も必要になります。

　ただ、何らかの制度を導入すれば、その"欠陥"に素早く気づいて悪用する者が出てくるのも世の常です。2012年に導入された再生可能エネルギーの固定価格買取制度（FIT）に絡んで顕在化した事業用太陽光発電の未稼働問題はその典型例と言えます。FITに基づく事業用太陽光の買取価格は、発電設備等のコスト水準を基に毎年度設定されています。その結果、買取価格は毎年度下がっています。こうした状況を利用して、制度導入初期の比較的高い価格で買い取られる権利を獲得した上で、システム価格の低減を待って利益幅を大きくしようという不逞な発想が生まれたのです。また、小売全面自由化に合わせたインバランス料金制度の見直しの結果、意図的にインバランスを発生させる小売事業者が現われたのも、第4章に書いた通りです。

　どちらの事例とも、制度本来の主旨に照らし合わせればひどい話ですが、利益の最大化を目指すという営利企業の行動としてはむしろ当然だとも言えます。そういうつけ入る隙を持った制度の方こそ問題でした。そのため、FITもインバランス料金も、不適切な事例の発生を受けて制度の補強や改良を行っています。

　とはいえ、制度とは所詮、人間が作ったものである以上、つけ入る隙は必ず生まれます。そのため、不正義の発生を防ぐことに至上の価値を置くならば、ジョン・レノンが名曲『イマジン』で歌ったような、無政府的な制度のない世界を思い描きたくもなります。

　ですが、政治体制の変革により国境や私的所有の概念が今後消滅することがあっても、電力システムは複雑な制度とともに存在し続ける気がします。電気エネルギーの利便性を知ってしまった以上、人類はもはや電力システムを放棄できないに違いないからです。

第2章

水力・火力

　水力発電と火力発電は電気事業の黎明期から開発が進み、現在に至るまで日本の電力供給をともに支えてきました。ところが現在、世の中における人気には大きな差がついています。水力発電はCO_2を排出しない国産エネルギーとして今後も電力システムの中で変わらぬ存在感を保ち続けることが確実です。一方、火力発電は安定供給確保の観点から大変頼りになるものの、地球温暖化抑制のために脇へ追いやられようとしています。特にCO_2を最も多く排出する石炭火力は脇役としてすら存在を認められない可能性が出ています。

2-1
水主火従・火主水従

戦後の高度経済成長期、電力需要は大きく伸び続けました。その伸びに対応するため、発電所の建設が全国各地で行なわれました。発電容量の大型化も進み、供給力の主役は水力発電から火力発電へと替わりました。

▶▶ 戦後の象徴「黒四発電所」

明治時代の黎明期から高度成長期までの発電の主役は、石炭や石油を燃料とする火力と水力でした。明治時代にまず小規模の火力発電の開発が進みました。その後、明治後半から大正にかけて電気の用途が電灯以外にも広がる中で、水力が発電の中心になり、設備も大型化しました。

例えば、関西方面における歴代の水力発電所を見ると、1891年運開の蹴上発電所（京都市）は4,500kW、1913年運開の宇治発電所は完成時2万7,630kW、23年運開の読書発電所（長野県）は完成時4万700kWでした。

戦後、右肩上がりで伸びる電力需要をまかなうため、全国各地で規模がさらに大きな水力発電所が開発されました。51年に発足した9電力会社に加え、電源開発促進法に基づき52年に設立された国策会社「電源開発（Jパワー）」も**大規模水力**の開発に取り組みました。

そうした開発事業の一つに関西電力の黒部川第四発電所があります。完成は63年で、当時の発電容量は25万8,000kW。ダム建設は大変な難工事で多くの犠牲者を出しました。後に「黒部の太陽」として映画化されたことで戦後の象徴として今も語り継がれていますが、見方を変えれば、大規模水力が開発可能な地点はこの頃には工事の難易度が高い奥地しか残っていなかったということです。

高度経済成長に伴い電力需要が急増する中で、新規開発の余地がほぼなくなった水力に替わり、火力発電の建設ラッシュが起きます。その結果、50年代まで電力供給の柱を担ってきた水力発電は、60年代前半には発電電力量で火力発電に抜かれました。いわゆる**水主火従**から**火主水従**への電力供給体制の移行です。

この時期に全国で導入が進んだ火力発電の燃料は石油です。それが2度の**オイルショック**を契機に脱石油の必要性が生じます。電力会社は公害問題への対応も迫られたことで、**天然ガス火力**や**原子力**の導入が本格化します。

2-1 水主火従・火主水従

第2章 水力・火力

発電電力量の推移

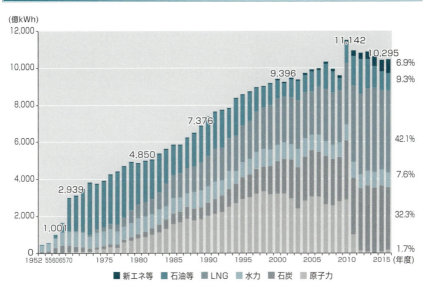

出典：エネルギー白書2018

水力発電の設備容量と発電電力量の推移

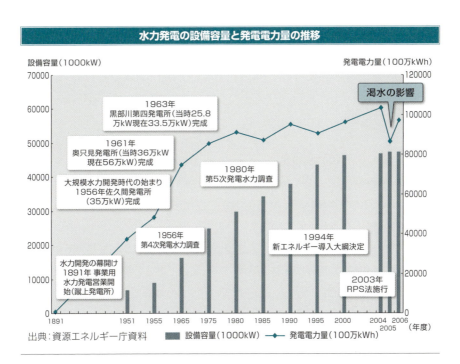

出典：資源エネルギー庁資料

37

2-2
水力発電の基本

水の流れる勢いで発電機を動かして電気を作る水力発電。供給力の中心の地位は譲りましたが、CO₂フリーの国産エネルギーであり、今も重要な電源です。設備の構造によっていくつかの種類に分かれます。

▶▶ 全発電量の約1割を供給

水力発電は水の流れる力を利用した発電方法です。水が上から下に流れる勢いで水車を回して発電します。水の位置エネルギーを電気エネルギーに変えるという言い方もできます。貴重な純国産エネルギーとして昔から活用されてきました。

地球温暖化の問題が顕在化してからは、発電時にCO_2を排出しないクリーンな発電方法として再評価されています。電力中央研究所の計算によると、建設から廃棄まで含めたライフサイクルでのCO_2排出量は、kWh当たり0.011kg-CO_2で、太陽光、風力など他の再生可能エネルギーよりも低い値です。

全国の水力発電の設備容量は現在、約5,000万kW。年間の発電電力量は847億kWh（2016年度）で、日本全体の電気の約1割を供給しています。国内の有望な地点はすでに開発されており、設備容量が今後大きく伸びることは期待できませんが、中小規模の設備は再生可能エネルギーの固定価格買取制度（FIT）の対象になっています。水力発電が今後も、日本にとって重要なエネルギー源であり続けることは間違いありません。

一口に水力発電所と言っても、設備の構造によって「流れ込み式」「貯水池式」「調整池式」「揚水式」の4種類があります。構造が最も単純なのが流れ込み式で、河川の途中に発電機を置くだけです。あとは放っておいても川の水がタービンを回し、基本的に不眠不休で発電し続けます。当然のことながら、発電単価は安いため、ベースロード電源として活用されています。

調整池式と貯水池式は水を貯蔵する機能がある点では似ていますが、貯水池式の方が比較的大規模で、需要が少ない時季に水を溜めておき、需要が伸びる夏や冬に放出します。調整池式は、溜め込みと放出のサイクルがより短く、夜間や週末に溜めた水を日中の需要のピーク時に放出します。また、揚水式は水を引き上げる機能を併せ持つ点が特徴です。

2-2 水力発電の基本

水力発電の種類

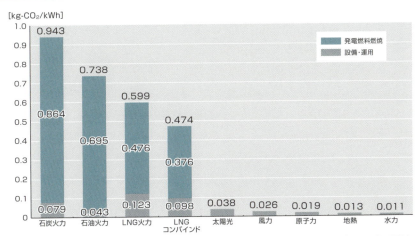

出典：資源エネルギー庁HPより

日本の電源別ライフサイクルCO_2の比較

[kg-CO_2/kWh]

電源	発電燃料燃焼	設備・運用	合計
石炭火力	0.864	0.079	0.943
石油火力	0.695	0.043	0.738
LNG火力	0.476	0.123	0.599
LNGコンバインド	0.376	0.098	0.474
太陽光			0.038
風力			0.026
原子力			0.019
地熱			0.013
水力			0.011

出典：電力中央研究所「日本における発電技術のライフサイクルCO_2排出量総合評価（2016年7月）」

2-3
揚水発電

揚水式の水力発電は、発電するだけでなく電気を消費する側にもまわります。そのことで需要の平準化に寄与することができます。太陽光発電の導入量が拡大する中で存在感があらためて高まっています。

▶▶ 巨大な「蓄電池」

揚水発電は、川の上流と下流に２つのダムを持ち、上のダムから流れる水の力で下流部にある発電機を動かします。こうした外見的な構造は、貯水池式や調整池式の発電所と似ています。実際、３つの方式は、水を溜め込むダムを持ち、需要が多い時に機動的に発電するという共通した役割を果たします。

ただ、貯水池式と調整池式がもともと上流にある水を位置エネルギーとして一時的に溜め置くのに対して、揚水式は電気エネルギーを水の位置エネルギーへ転換して貯蔵する点が大きく異なります。噛み砕いて言えば、溜め込む水を電気の力により下流から引き上げるのです。

従来の基本的な運用方法は、深夜など需要の少ない時間帯に上流に水を引き上げておき、日中の需要のピーク時にその水を下流に流し込むというものです。こうした運用を行なう揚水発電の必要性は主に、原子力発電所の導入拡大と共に生まれました。原発は安全上、常に一定の出力で運転する必要があり、深夜に電気が余る可能性があったからです。その際にも原発の定格運転を維持するため、揚水発電が水を引き上げることで需要を生み出すわけです。規模の大きい揚水発電所は100万kW以上の発電能力を持ちます。

それが最近では太陽光発電の導入量拡大に伴い、逆に日中に電気を引き上げるという運用が増えています。天気が良くて**太陽光発電**の発電量が昼間に大きく増えた場合、電気の供給量が需要量を上回り、電気が余ってしまう懸念が現実化し始めているからです。引き上げた水は、日が沈んで太陽光が発電できなくなった夜間などに放出されます。これまでとは水の引き上げと放出の時間帯が逆になっているわけです。

原発の将来性は不透明感が増す一方、太陽光を中心に**再生可能エネルギー**の導入量が急速に伸びる中で、揚水発電は新たな役割を見出したと言えそうです。

2-3 揚水発電

第2章 水力・火力

揚水発電の構造

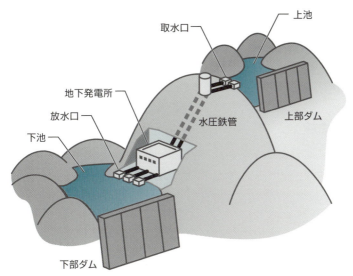

出典：資源エネルギー庁HPより

揚水発電の新たな役割

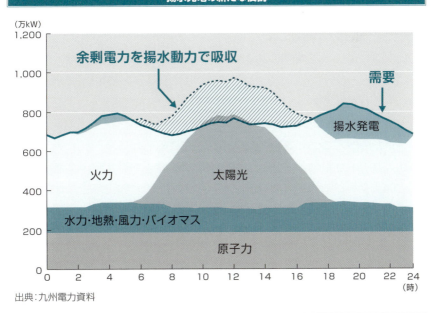

出典：九州電力資料

2-4
火力発電の基本

現在、世界中で最も多く利用されている発電方法である火力発電。日本でも特に東日本大震災後は、供給力の大半を担っています。技術開発により発電効率は向上しており、環境性も改善しています。

▶▶ 供給力の最大の柱

火力発電とは、何らかの燃料を燃やして発生した熱エネルギーを電気エネルギーに転換する仕組みです。石炭、天然ガス、石油の３つが現在使われている主要な燃料です。どの燃料が重宝されるかは、電力事業を取り巻くその時々の社会情勢などによって変わってきています。

火力発電は高度経済成長期以降、日本の電力供給の最大の柱であり続けています。現在の発電容量は約１億6,300万kWで、日本全体の供給力の約半分を占めます。原発が運転を停止した**東日本大震災**後には設備利用率が上がり、2017年度には需要全体の79.2%を火力発電が賄いました。

ですが、**地球温暖化**の抑制のため電気の低炭素化が強く求められる中、化石燃料を燃やす火力発電は悪者扱いされ始めています。CO_2排出量の削減こそ、火力発電が現在直面する最大の課題になっています。

技術開発により、火力発電の環境性は以前に比べれば大きく向上しています。火力発電で最も一般的な汽力発電は、燃料を燃やした熱で水を沸騰させた蒸気でタービンを回す仕組みです。他に、蒸気ではなく高温のガスを利用するガスタービン発電という発電方法もあります。この２つの発電方式を合体させて発電効率を大きく向上させたのが、**コンバインドサイクル発電**方式です。

最初に高温のガスでガスタービンを回し、その余熱をさらに利用して蒸気を発生させて蒸気タービンも回します。つまり、１回のサイクルで２回タービンを回すため効率性はその分高くなり、熱効率は現在60%超にまで達しています。最近の**天然ガス火力**はいずれも採用しています。**石炭火力**でも技術開発が進んでおり、20年代初頭には発電技術が確立すると期待されています。

とはいえ、火力発電が将来の低炭素社会でも生き残るためには、更に革新的な技術開発による環境性の向上が欠かせないでしょう。

2-4 火力発電の基本

コンバインドサイクル発電の仕組み

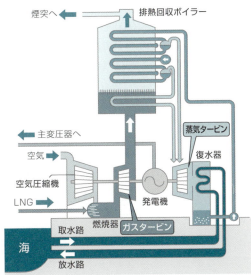

出典：電気事業連合会HPより

次世代火力発電の技術ロードマップ（2016年6月）

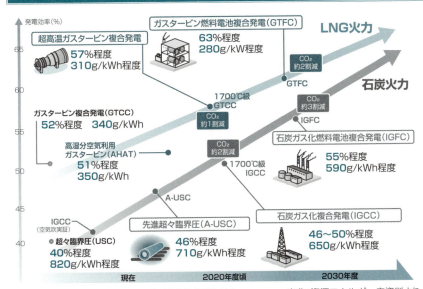

※図中の発電効率、排出原単位の見通しは、現時点で様々な仮定に基づき試算したもの。

出典：資源エネルギー庁資料より

2-5
石炭火力

埋蔵量が豊富で安価な石炭は多くの国で発電用燃料として使われており、日本でも供給力の柱の一つです。ただ、化石燃料の中でも最もCO_2排出量が多いことが地球温暖化抑制の観点から強い非難にさらされています。

▶▶ 融資対象から外す動きも

石炭火力の大きな特長は、高い経済性と供給安定性です。世界の可採埋蔵量は約8,600万トンで、可採年数は100年以上。石油や天然ガスに比べて莫大な資源の存在が確認されています。そのため、他の化石燃料よりも相対的に安価で、日本では石炭火力は**ベースロード電源**として位置づけています。

一方で、致命的な欠点があります。商業化されている発電方法の中でCO_2排出原単位が最も高いのです。そのため、環境団体等は石炭火力に反対の声を上げており、石炭火力に関わる企業は融資や投資の対象から外すダイベストメントの動きも広がっています。ここ数年で、石炭火力への逆風は世界的に強まり続けています。

そんな中、日本の石炭火力の設備容量シェアは現在15%程度で、総発電量の約3割を賄っています。それを2030年の電源構成で26%に抑えるため、経済産業省は20年7月、非効率な旧式の発電所の休廃止を政策的に進める方針を公表しました。ただ、石炭火力を一定量維持する考えは変えていません。

世の中の強い逆風を和らげるため、CCT（クリーン・コール・テクノロジー）と呼ばれる技術開発が行われています。そのひとつが発電効率の向上につながる石炭ガス化で、2つの実証プロジェクトが行なわれています。福島県では、「空気吹き」と呼ばれる技術を用いたIGCC（石炭ガス化複合発電）の商用化に向けた研究開発が進んでいます。広島県では「酸素吹き」によるIGCCの実証が行われており、さらに徹底したCO_2排出抑制策である**CCS**（CO_2 Captured and Stored：回収・貯留）技術も実証する計画です。

CCSは発電過程で発生したCO_2を大気中に放出せずに回収して地中に貯留する技術です。商用化されればCO_2を排出しない火力発電所が実質的に生まれると期待されています。最近では、石油代替燃料の原料などとしてCO_2を利用（Use）する観点も入れ込んで、**CCUS**という言い方もします。

2-5 石炭火力

火力発電のCO₂排出量

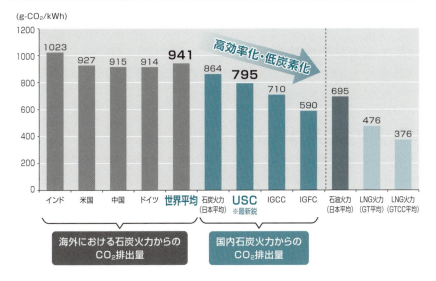

出典：資源エネルギー庁資料

CCUS

CO₂回収 (Carbon dioxide Capture)

火力発電所にCO₂分離回収設備を設置することで、90%超のCO₂を放出せずに回収することが可能。

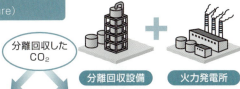

分離回収したCO₂ → 分離回収設備 ＋ 火力発電所

CO₂貯留 (CCS: Carbon dioxide Capture and Storage)

分離回収したCO₂を地中に貯留する技術。

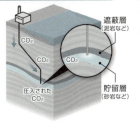

CCS概念図

CO₂利用 (CCU: Carbon dioxide Capture and Utilization)

CO₂を利用し、石油代替燃料や化学原料などの有価物を生産する技術。

出典：資源エネルギー庁資料

2-6
天然ガス火力

天然ガスの大きな特長は、化石燃料の中でCO_2排出原単位が最も小さいことです。ガス田は油田ほど遍在性がなく、エネルギー安全保障上も優等生です。太陽光などの不規則な出力変動を吸収する機能も果たせます。

▶▶ 設備容量シェアは4分の1強

天然ガス火力は現在、日本に約8,400万kWあり、設備容量シェアは約27%。火力発電設備の半分強が、**天然ガス火力**です。輸送効率を上げるため、液体の状態（液化天然ガス=LNG）で海外から運ばれてくるため、**LNG火力**とも呼ばれます。

需要の変化によって出力を調整する**ミドル電源**として基本的に運用されてきました。そのため**石炭火力**より稼働率は低くなりがちですが、**東日本大震災**後の原発全基運転停止という非常事態の下では**ベースロード電源**としての役割を担い、発電量のシェアは約46%まで高まりました（2014年度実績）。

大型電源の中では**3E＋S**のバランスに最も優れています。化石燃料の中ではCO_2排出原単位は最も小さいため、**パリ協定**採択を受けた**地球温暖化**対策の強化も、石炭火力とは対照的に少なくとも短中期的には追い風になりそうです。また、出力の調整が機動的に可能であるため、**太陽光発電**や**風力発電**など**再生可能エネルギー**の不規則な出力変動を吸収することで系統全体の供給安定性維持に貢献することもできます。

燃料の供給安定性にも優れています。日本で消費される天然ガスはほとんど海外から輸入していますが、調達先は東南アジア、中東、豪州、米国、ロシアなどに分散しています。石油の代替エネルギーとして導入が進んだ経緯から、原油価格に連動して価格が決まる仕組みが長らく続いてきましたが、天然ガス自身の需給を反映した価格指標を採用する流れも生まれています。そのこともまた燃料としての信頼性向上につながりそうです。

18年度に北陸電力と北海道電力が相次いで、初の天然ガス火力を運開させたことで、**大手電力**10社は全て天然ガス火力を持ちました。原発再稼働や再エネの導入量拡大により発電量のシェアは小さくなる見通しですが、天然ガス火力は今後も電力供給体制の重要な一翼を担うでしょう。

2-6 天然ガス火力

LNGの供給国別輸入量の推移

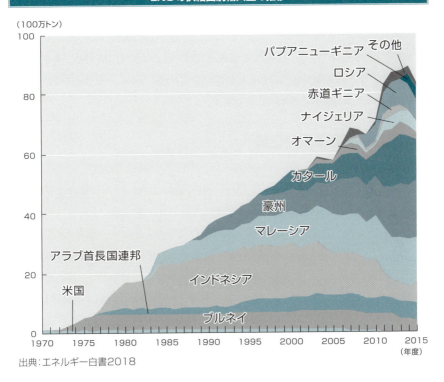

出典：エネルギー白書2018

ガス発電が再エネを補完

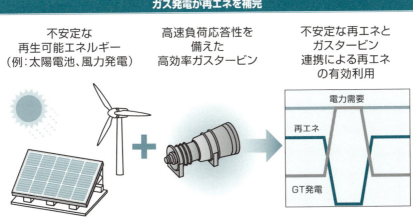

出典：NEDOプレスリリースより

2-7
石油火力

かつては日本の電力供給の屋台骨を背負っていた石油火力の存在感は、大きく低下しています。東日本大震災後には停止した原発の穴を埋めるのに一役買ったものの、本格的な自由化を迎えて存亡の危機にあります。

▶▶ 限定的な役割では維持困難

石油火力は**火主水従**の時代の当初は、日本の電気の供給力のまさに大黒柱でした。第1次**オイルショック**が起きた1973年頃には、全国の発電設備シェアの7割以上を石油火力が占めていました。

ですが、オイルショック後の74年に創設された国際エネルギー機関（IEA）は79年、**ベースロード電源**として石油火力を新設することを禁じます。エネルギー源の大半を石油に依存していた社会の脆弱性が露わになったこともあり、日本ではさらに踏み込んだ対応を独自に取り、あらゆる石油火力の新設を原則禁止としました。

これにより、脱石油火力の動きが大きく進みました。発電容量シェアは現在約12％（2017年度実績）。石油火力の位置づけは、日常的な安定供給の大黒柱という存在から、主にピーク対応の低稼働の電源へと変わりました。そのため、発電電力量シェアはさらに低く、わずか4.7％です（同）。

石油火力の先行きは**全面自由化**によっていよいよ暗くなっています。**大手電力**にとって、石油火力は経営効率化の観点から重荷になっているからです。発電コストが高く、稼働率が低い電源を保有し続ける余裕はなくなり、廃止される石油火力は今後増える見込みです。

ガソリンなど日本の石油製品の消費量は全体として減少傾向にあります。国内の製油所の統廃合も進んでいます。そんな中、恒常的に稼働しない石油火力の存在を前提とした石油供給体制の維持は困難との声が石油業界から出ています。

とはいえ、東日本震災後の電力不足時に、石油火力が貴重な供給力として活躍したことは記憶に新しいところです。その経験を踏まえ、非常時の供給安定性確保などの観点から石油火力を一定程度確保し続けるべきなのか、その場合にはコストは誰が負担すべきなのか──。新たな電力システムを構築する上で、大きな課題の一つです。

2-7 石油火力

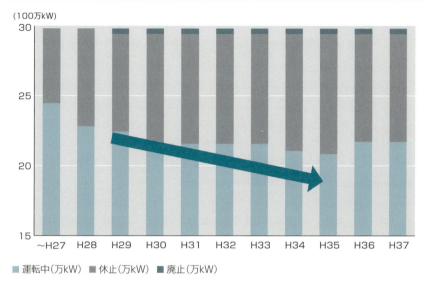

石油火力の休廃止計画の見通し

出典:「2016年度供給計画の取りまとめ」より

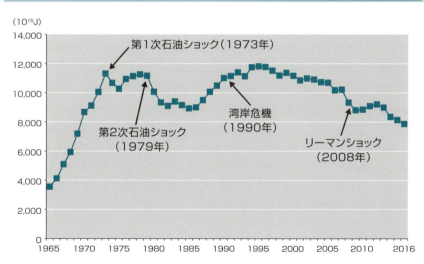

日本の石油供給量の推移

(注)石油(原油+石油製品)の一次エネルギー国内供給量

出典:エネルギー白書2018

速く移動することは幸せですか

　長い間"未来の乗り物"と言われてきたリニアモーターカーが、現実のものになるそうです。2027年にまず東京・品川と名古屋間で開通し、その後新大阪まで延長される予定です。強い磁力により車両を浮上させて走行することから地面との物理的な摩擦が生じないのが特長で、そのため航空機並みの速度が可能になります。ただ、現在の新幹線と比べて電力の消費量は数倍になると言われ、省エネ社会を目指そうという時代の流れと逆行しているとの批判もあります。

　リニアモーターカーの開通が国民福祉の増大につながるのであれば、大量の電力消費に対する理解も得られるかもしれません。東京と名古屋、新大阪間の所要時間はそれぞれ40分と67分で、東海道新幹線のぞみ号の半分以下になります。JR東海はこれにより「日本の人口の半数を超える一つの巨大な都市圏が誕生する」ことで「経済の活性化が期待できる」としています。

　問題は、こうした文言にどれだけの人が心を躍らせるかどうかです。別の言い方をすれば、移動時間の大幅な短縮が人々の幸せに結びつくかどうかです。年収と幸福感の相関関係については、国内外でさまざまな研究がなされています。これら研究に共通しているのは、両者の正の相関関係はある水準で終わるということです。例えば、ある国内の研究では、500万円までは世帯年収の増加につれて幸福度も上がるが、その後は年収が増えても幸福度は横ばいになり、1500万円を超えると逆に幸福度は下がるとしています。

　同じような相関関係は、移動速度と幸福感についても当てはまるかもしれません。例えば、明治時代に入っての鉄道の開通が、移動に伴う人々の身体的負担を大幅に軽減したことは間違いありません。戦後の"夢の超特急"新幹線の誕生も高度成長期の前向きな時代精神の中で幸福度の増進に寄与したと考えられます。

　ちなみに開業翌年の東海道新幹線の東京―新大阪間の所要時間は約3時間10分でした。もしかしたら、このあたりが世帯年収の500万円に当たる移動速度だったのではないでしょうか。

第 **3** 章

原子力

　福島第一原子力発電所の事故により、電力システムにおける原子力の地位は大きく揺らいでいます。地球温暖化対策の柱としてさらなる導入拡大が志向されていたのが、可能な限り依存度を低下するとの方針に一変しました。安全性に対する世の中の不信感は福島の事故以来変わっておらず、今後の電力システムに原子力の居場所があるかどうかは不透明です。一方で、政府は核燃料サイクル路線を維持しており、高レベル放射性廃棄物の最終処分場は決まらないままです。好き嫌いにかかわらず、原子力の抱える難題から逃げることはできません。

図解入門
How-nual

3-1
原子力発電の仕組み

原子力発電所の燃料は、主にウランです。発電所の"心臓部"といえる原子炉で、ウランの原子の核分裂を人工的に起こさせることにより、発電タービンを動かすための大きなエネルギーを生み出します。

▶▶ ケタ違いのエネルギー密度

蒸気でタービンを回す仕組みは原子力発電も火力発電も変わりません。異なるのは蒸気を作るエネルギーの"出自"です。火力では天然ガスなどの燃料を燃やすのに対して、**原子力**では原子核が中性子を取り込む際の核分裂によって生じるエネルギーを利用します。中性子を吸収した原子核は複数に分裂して、大量の熱を発生します。同時に複数の中性子が放出され、その中性子が別の原子核にぶつかることで、核分裂の連鎖が始まります。こうして非常に大きなエネルギーが生まれます。

こうした核分裂の起こりやすさは原子によって異なります。核分裂が起こりやすい原子の代表がウランで、そのため原発の燃料として広く使われています。ウラン燃料の大きさは、直径、高さともにわずか1cmですが、これだけで平均的な一般家庭が使用する電気の8～9カ月分にあたる約2,500kWhの電気をつくるだけのエネルギーを持ちます。原子力は化石燃料など他のエネルギー源に比べて、エネルギー密度がケタ違いに大きいことが分かります。

核分裂反応が連鎖的に起こり、持続的に進む状態を「臨界」といいます。核分裂の連鎖を人工的に発生させ、臨界状態を安定的に持続させる装置が原子炉です。原子炉は高さ約22メートル、幅約6メートルという巨大な設備で、ウランをペレット状にした燃料棒が何本も立っています。その間に挟まった制御棒が核分裂の程度を調整する役割を担います。

原子炉を起動させる際には、制御棒を引き抜くなどの作業を行います。制御棒には中性子を吸収する機能があるため、制御棒を抜いていけば吸収される中性子の数はその分減り、核分裂が活発に起こるようになります。

核分裂の連鎖を起こすためには、原子から飛び出した中性子の速度をある程度落とす必要もあります。速度を落とすために使われるのが減速材です。現在の商用炉の主流である**軽水炉**は減速材として水を使用しています。

3-1 原子力発電の仕組み

核分裂

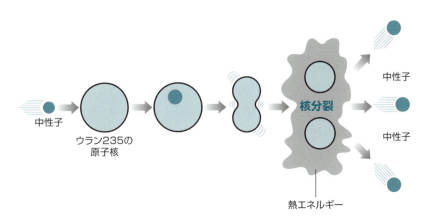

出典：原子力委員会HPより

原子炉の構造（PWR）

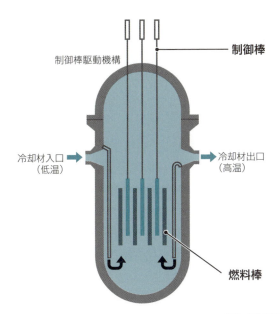

出典：電気事業連合会HPより

3-2
軽水炉

日本で商業運転中の原発は全て軽水炉と呼ばれる原子炉を採用しています。原発が商用化された当初は他の炉型もありましたが、相対的に安全性が高い軽水炉の採用が広がり、グローバルスタンダードになっています。

▶▶ 世界的な主流はPWR

1966年に運転を開始した日本で最初の商業炉である日本原子力発電の東海原発は、減速材に黒鉛を使う黒鉛炉でした。西側陣営で最初の商業用原発だったイギリスのコールダーホール原発も同じ炉型です。天然ウランをそのまま燃料として使えるのが利点でしたが、安全性の点で問題があり、その後採用は進みませんでした。86年に大事故を起こした旧ソ連のチェルノブイリ原発も黒鉛炉でした。

結果として、商用炉の主流は**軽水炉**になりました。日本で東海原発以降に建てられた商用原発は全て軽水炉です。黒鉛炉と違い、天然ウランの濃縮という工程が必要ですが、安全性に相対的に優れていることが評価されました。

軽水炉は、原子炉の構造の違いで**BWR**（沸騰水型）と**PWR**（加圧水型）に分かれます。核分裂によって生じた熱が原子炉圧力容器内に満たされた水を蒸気に変える構造は同じですが、その蒸気の役割が両者で異なります。

BWRでは、圧力容器内で発生した蒸気がそのままタービンを回すために使われます。つまり、放射性物質を含んだ水が原子炉建屋を出てタービン建屋を巡ります。一方、PWRでは蒸気は原子炉格納容器から出ません。格納容器内にある蒸気発生器により、放射性物質を含んだ蒸気が新たに別の蒸気を作ります。その蒸気が格納容器の外に出てタービンをまわします。PWRでは放射性物質を含んだ配管を含む系統を1次系、含んでいない配管を含む系統を2次系と呼びます。

フランスや中国が全面的に採用するなど、世界的にはPWRが主流です。フランスはEPR（欧州加圧水型炉）という独自のPWRを開発しています。日本では三菱重工業がPWR、東芝と日立製作所がBWRを製造してきました。PWRが優勢な状況下、BWRメーカーの東芝が06年に巨額の資金を投じて買収したのが、AP1000という独自のPWR技術を持つウエスチングハウスでした。EPRとAP1000は中国で商用化されています。

3-2 軽水炉

原子炉の構造

沸騰水型炉（BWR）のしくみ

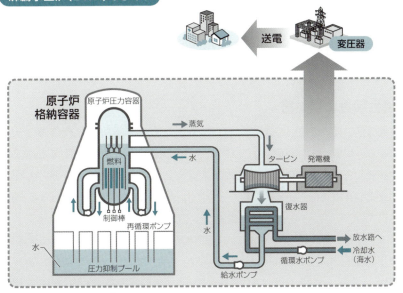

加圧水型炉（PWR）のしくみ

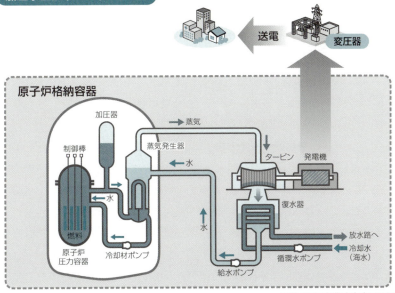

出典：電気事業連合会HPより

3-3
原子力発電所の状況

原子力発電は東日本大震災の前まで日本の発電量の約3割を担っていました。電力分野における地球温暖化対策の柱にも位置付けられていましたが、その位置づけと役割は福島第一原発の事故により一変しました。

▶▶ 経済合理性に疑問符

原発は他の電源に比べて建設費（イニシャルコスト）が高い一方、燃料費（ランニングコスト）は比較的安価なので、建設した以上はできるだけ高稼働率で運転することが強く求められます。また、日本では安全上の問題から需要の変動に合わせて出力を調整する負荷追従運転が認められておらず、常に一定出力で運転する必要があります。そのため、**ベースロード電源**として使われています。

日本で原発の導入が始まったのは1960年代後半です。沖縄電力以外の**大手電力**は全て原発を導入しています。北海道、関西、四国、九州の4社が**PWR**、東北、東京、中部、北陸、中国の5社が**BWR**を採用しました。57年に発足した原子力専業の日本原子力発電は両方の炉型を持っています。

79年の米国・スリーマイル島原発事故、84年のソ連・チェルノブイリ原発事故により原発の安全性へ強い疑義が生まれましたが、日本は原発推進の方針を堅持しました。**東日本大震災**が発生した時点で、商業運転している原子炉は全国に54基ありました。合計出力は約4,885万kWで、発電電力量の約3割を**原子力**が担っていました。発電時にCO_2を排出しないことから**地球温暖化**対策の柱という役割も与えられ、さらに比率を高める方針が打ち出されていました。

こうした状況は、**福島第一原発**の事故によって様変わりしました。国民の中に原発の安全性に対する強い疑義が生じ、一時は全原発が稼働停止に追い込まれました。福島第一原発などの廃炉により、商業炉の数は37基まで減りました。そのうち再稼働に漕ぎつけたのは20年3月末現在9基にとどまります。

安全対策費の上積みにより、原発を新たに建設することの経済合理性には疑問符が付いています。ただ、政府は今も、原発を発電コストが最も安い貴重なベースロード電源だと位置付けています。2030年の電源構成の20～22%を原発で賄う計画です。

3-3 原子力発電所の状況

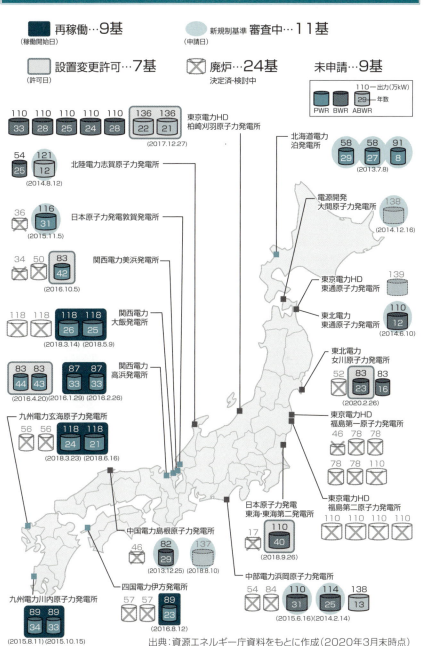

出典：資源エネルギー庁資料をもとに作成（2020年3月末時点）

3-4
原子力規制委員会・新規制基準

安全性の確保は原発推進の大前提です。福島第一原発の事故により、安全規制行政の体制は大きく改められました。原子力安全委員会と原子力安全・保安院は廃止され、原子力規制委員会が新たに発足しました。

▶▶ 「推進」と「規制」を分離

福島第一原発の事故後、原子力の安全規制行政の枠組みは大きく見直されました。2012年9月に5人の委員で構成する原子力規制委員会が発足。同時に規制委の事務局機能を担う原子力規制庁が環境省の外局として設置されました。入れ替わりで原子力安全委員会と経済産業省の外局である原子力安全・保安院は廃止されました。

新体制の最大の特徴は、「推進」と「規制」を完全に分離したことです。保安院が原子力推進の立場にある資源エネルギー庁とともに経産省内に存在することを懸念する声は福島第一原発の事故以前からありました。事故後には、保安院が推進側の代弁者として振る舞っていた実態も明らかになりました。

原子力規制委の発足後の最初の大仕事は、福島第一原発事故の経験を踏まえて、原子力関連施設への新たな規制基準を策定することでした。13年7月に施行された新規制基準は、従来よりも多岐にわたる対策を原子力事業者に求めています。

"想定外"の発生を可能な限り防ぐために、地震や津波の想定手法を見直しました。火山や竜巻など他の自然災害への対策も強化しました。これまでは想定していなかったテロや航空機の衝突といった「人災」への対応も盛り込みました。また、福島の事故の引き金になった全電源喪失を絶対に起こさないため、電気を確保するルートをさらに多く用意するよう義務づけました。外部電源を2系統にする他、電源車も配置しなければなりません。

万が一、全電源喪失に至っても炉心損傷を防ぐ対策、炉心損傷が起きても格納容器を破損させない対策も求めています。例えば、格納容器内の圧力を下げる必要性が生じた時に大気中への放射性物質の放出を抑えるフィルター付きベント（排気）設備の設置を義務づけました。事故時の作業拠点となる免震重要棟は自家発電の設置や放射線遮へい機能を備えている必要があります。

3-4 原子力規制委員会・新規制基準

原子力規制組織

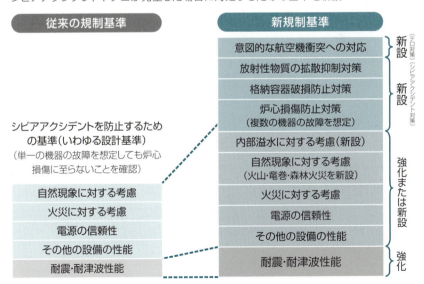

出典：原子力規制委員会資料より

従来の規制基準と新規制基準との比較

従来と比較すると、シビアアクシデントを防止するための基準を強化するとともに、万一シビアアクシデントやテロが発生した場合に対処するための基準を新設

出典：原子力規制委員会資料より

3-5
自主的な安全対策

　原子力の安全性に対する国民の不信の目は福島第一原発の事故以降やわらいでいません。こうした状況を何とか打開しようと、大手電力を中心とした原子力産業界は、安全性向上対策に自主的に取り組んでいます。

▶▶ 災害時には相互協力

　大手電力など原子力発電事業者は**新規制基準**の施行後すぐに5原発10基の安全審査を申請しました。申請数はその後増え、2018年末時点で累計27基です。そのうち19年度末までに再稼働が認めたられたのは16基で、再稼働に至ったのは九州電力の川内原発1・2号、玄海原発3・4号、関西電力の高浜原発3・4号、大飯原発3・4号、四国電力の伊方原発3号の9基にとどまっています。

　この再稼働のペースは経済産業省や電力業界が当初期待していたペースよりはだいぶ遅いものです。このままではエネルギー基本計画に基づいて決められた2030年における**原子力**の電源構成比率目標である20〜22%の達成は難しそうです。

　審査がなかなか進まない要因は一概には言えませんが、根底には国民の中に根強くある原発の安全性への深い懐疑があると言えるでしょう。再稼働した原発に対しても運転差し止めの訴訟が各地で起きており、原発は供給安定性に優れた電源とはとても言えない状況にあります。

　政府の方針通りに原発が今後も電力供給体制の一角を担っていくには、こうした状況から脱却する必要があります。そのための特効薬はありません。原子力の安全性向上の取り組みを地道に続けるしかないでしょう。

　電力業界はこうした問題意識から、政府が定めた新規制基準を満たすことだけに満足せず、原発の安全性向上のための取り組みを自主的に進めています。その中核的組織として2018年に設立されたのが、**原子力エネルギー協議会**（ATENA）です。規制当局とも対話を行ないつつ、メーカーや研究機関も含めて原子力産業全体で原発の安全性向上に取り組む仕組みがATENA中心に構築されています。

　万一の事故に備えた対策も強化しています。大手電力など原子力事業者12社は14年に、原子力災害時の相互協力に関する協定を締結しました。同協定に基づき、特に地理的に近接する事業者が連携を強めています。

3-5 自主的な安全対策

安全性向上の取り組み

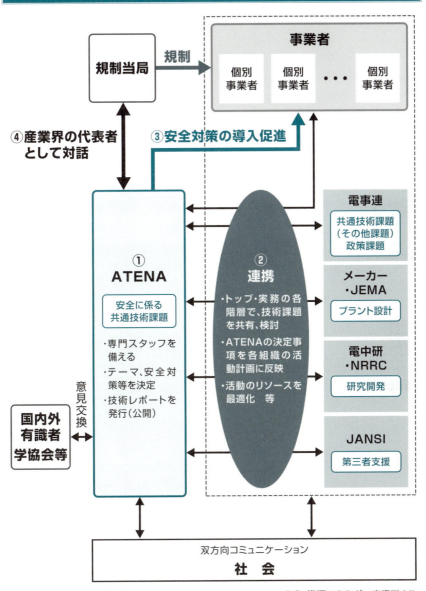

出典：資源エネルギー庁資料より

3-6
廃炉

福島第一原発の事故後、原発の運転期間は原則40年と決められました。最長20年間延長できる例外措置も導入されましたが、安全性強化のための追加コストがかかります。廃炉となる原発は増えています。

▶▶ 40年ルールが決断後押し

2012年6月成立の改正原子炉等規制法で、原発を運転できる期間を原則的に運転開始から40年に制限する新たなルールが導入されました。この新ルールが厳格に適用されれば、原発の数は着実に減少していきます。日本での原発立地は70年代初頭から本格化したので、"40歳"に達する原発は徐々に出始めています。

通常の定期検査より厳格な特別点検をクリアすれば最長20年の運転期間の延長を認める制度もあわせて導入されました。ただ、比較的小規模の老朽化した原発に多額の追加投資をしてまで40年超運転を目指すことには経済合理性の観点から疑問符がつきます。実際、廃炉という選択は増えています。関西電力・美浜1、2号、日本原子力発電・敦賀1号、中国電力・島根1号、九州電力・玄海1号の5基がまず口火を切り、19年2月末時点で24機の廃炉が事実上決まっています。

これから本格化する廃炉は、**大手電力**にとっても未知の作業です。98年に商業運転を終えた日本原子力発電の東海第一原発がいち早く廃炉作業に入っています。各社はその経験を共有し、米国など海外の知見も学びながら協力して取り組むことになります。

事故を起こした**福島第一原発**の廃炉は、作業の難易度が通常炉よりケタ違いに高く、日本の国家的課題として位置付けられています。事業の実施主体である東京電力を中心に関連メーカーや監督官庁が協力して取り組んでいますが、廃炉完了の予定時期は41〜51年という遠い先です。このスケジュール通りに進む保証はなく、計画が遅れれば現在は8兆円と見積もる廃炉費用の上振れも避けられなくなると懸念されています。

一方、40年超の運転延長を選択する原発も出ています。これまでに関西電力の高浜1、2号機、美浜3号機、日本原電の東海第二の4機が認可を受けました。追加の工事等が必要なため、いずれもまだ再稼働には至っていません。

3-6 廃炉

廃炉の主な手順

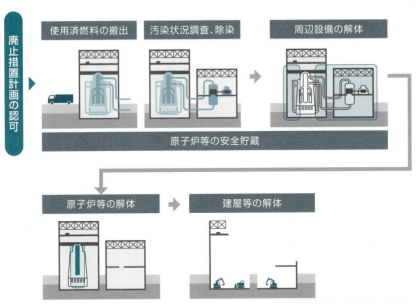

出典：資源エネルギー庁資料

廃炉のスケジュール

出典：資源エネルギー庁資料

3-7
核燃料サイクル

核燃料サイクルとは、軽水炉で燃やした使用済み燃料を再利用することです。政府はウラン資源の有効利用になるなどとして実現を目指していますが、計画は暗礁に乗り上げており、方針転換すべきとの声もあります。

▶▶ 次善の策としてのプルサーマル

　核燃料サイクルをまわすには、いくつかの施設が必要です。使用済み燃料は、再処理工場における再利用可能なウランとプルトニウムの抽出工程を経て、燃料加工工場でMOX（ウラン・プルトニウム混合酸化物）燃料になります。ただ、日本にはどちらの工場もまだ完成していません。青森県六ヶ所村に建設中の再処理工場はトラブル続きで完成時期は大幅に遅れています。現在は2021年度上半期の完成予定です。MOX燃料加工工場の完成もあわせて後ろ倒しになっています。

　当初の核燃料サイクル政策ではMOX燃料は**高速増殖炉**（FBR）で使われる計画でしたが、研究開発は中止になりました。そのため次善の策として、**軽水炉**でMOX燃料を使用する**プルサーマル発電**に取り組んでいます。ただ、プルサーマルだけではウラン資源の有効利用にほとんどならず、核燃料サイクルの経済合理性への疑義は高まっています。使用済み燃料を再処理しない選択肢を原子力事業者に認めるべきとの声は根強くあります。

　それでも国はサイクル政策を堅持する考えで、再処理事業への関与を強めています。自由化により**大手電力**の経営が万一行き詰まっても再処理事業がとん挫しないよう、16年10月に新たな事業主体として認可法人**使用済燃料再処理機構**を設立しました。もともとの事業主体は電力業界などが出資する民間企業「日本原燃」でしたが、機構から業務を受託する形に立場が変わりました。

　なお、国内の原発で発生した使用済み燃料の一部はフランスなどで再処理されています。日本は核爆弾の製造に転用可能なプルトニウムをすでに保有しているのです。国際社会から核武装の意図があると疑われないためには、その使用目的を説明し、着実に消費する必要がありますが、特に**福島第一原発**の事故後はほとんど消費されていません。政府はプルトニウムの消費が進まない場合には、再処理工場が完成しても稼働を抑制させる方針です。

3-7 核燃料サイクル

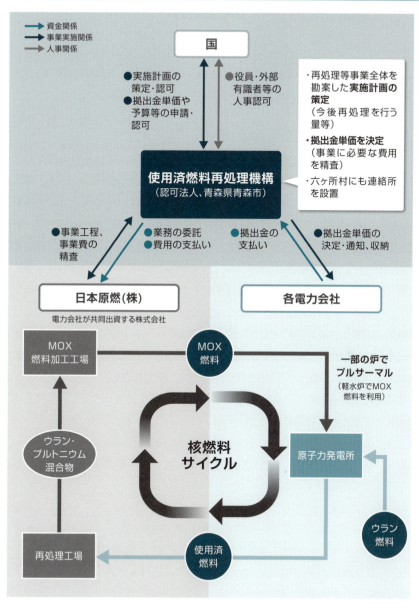

出典：資源エネルギー庁資料より

3-8
高速増殖炉・高速炉

高速増殖炉の開発は、核燃料サイクル路線の柱でしたが、福島第一原発の事故後、原型炉「もんじゅ」の廃炉が決まりました。政府は新たに高速炉の開発を決めましたが、技術的難易度は同様に高く、先行きは不透明です。

▶▶ "夢の原子炉"失敗の反省は……

高速増殖炉（FBR）は、燃料として使用するウラン238が中性子を吸収することで放射性元素であるプルトニウム239に変わるため、運転すればするほど燃料が増える"夢の原子炉"といわれていました。軽水炉の燃料であるウランは天然資源で資源量は有限ですが、FBRが実用化されれば、燃料は実質的に無限になります。正真正銘の国産エネルギーとなり、実用化を断念する国が多い中、日本は研究開発の継続に長い間こだわってきました。

炉型に「高速」とある通り、高速中性子をそのまま利用するため、減速材はありません。冷却材には中性子を冷却・吸収しにくいナトリウムを使います。このナトリウムの扱いの難しさが、開発が行き詰った大きな要因でした。実験炉「常陽」での研究を経て、1995年から福井県敦賀市に建設した原型炉**もんじゅ**で実証試験が始まりましたが、トラブル続きでほとんどまともに稼働しませんでした。

東日本大震災後に約1万点の機器の点検漏れが発覚したことなどで、研究主体である日本原子力研究開発機構の当事者能力にも疑念が生じ、開発計画は完全に行き詰まりました。2016年12月、もんじゅの廃炉が決まりました。

もんじゅ廃炉と入れ替わるかたちで打ち出されたのが、経済産業省主導による**高速炉**商用化の方針です。原子炉内で起きる核変換の違いから、高速炉には燃料は増えない一方、廃棄物の有害度が低減するという利点があります。18年末に策定された戦略ロードマップでは、今世紀後半の商用化を目指すことになりました。今後10年程度をかけて、採用する技術の絞り込みなどを行います。

ただ、構造自体は変わらないため、高速炉実用化の技術的難度はFBRより必ずしも低くないといわれます。研究開発のパートナーであるフランスも計画を縮小しています。高速炉開発が、巨額の税金をつぎ込んで水泡に帰したFBR開発の二の舞になることが今から懸念されています。

3-8 高速増殖炉・高速炉

高速炉開発の段階と役割のイメージ

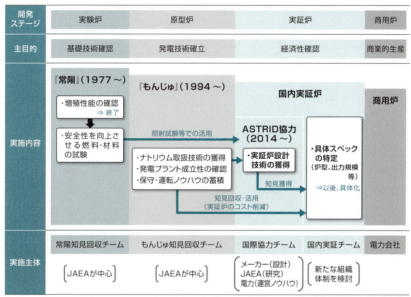

出典：資源エネルギー庁資料

もんじゅ開発の予算推移

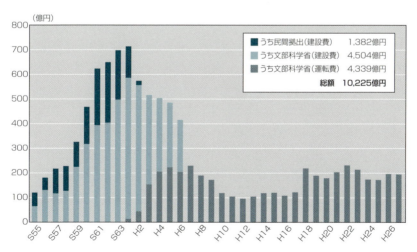

出典：文部科学省資料より

3-9
使用済み燃料の中間貯蔵

六ヶ所村の再処理上場の竣工が遅れていることで、各地の原発には搬出できない使用済み燃料が積み上がっています。東日本大震災前から課題として指摘されていましたが、電力業界はようやく対策に本腰を入れています。

▶▶ 2015年に「対策推進計画」

核燃料サイクルの出発点になるのは、各原発で燃料として一回使われた使用済み燃料です。サイクル路線を断念した途端、これら使用済み燃料は処分されるべき「核のゴミ」になりますが、現在の路線が維持される限りは、更なるエネルギーを生む「資源」です。そのため、使用済み燃料は各原発の敷地内で大切に保管されています。そして、再処理工場が稼働した際には、プルトニウムなどを抽出する原料として出荷されます。

ですが、再処理工場がトラブル続きで完成していないため、いつまで経っても出荷されません。一方、**東日本大震災**前までは原発は比較的順調に稼働していましたから、構内に保管された使用済み燃料の数は増えていきました。その結果、使用済み燃料の収容能力が限界に達しつつある原発も出てきています。発電所によって収容率にはばらつきがありますが、全国で見ると約2万4,000tの容量の約75%がすでに埋まっています。

このままでは使用済み燃料を収容しきれなくなることで、原発が稼働停止に追い込まれる事態も懸念されています。この問題を回避するには、再処理工場への出荷前に一時保管する**中間貯蔵**施設が必要でしたが、再処理工場の早期稼働を期待してなのか、電力業界の対応はずっと鈍いものでした。東日本大震災前には、東京電力と日本原子力発電による青森県むつ市における建設計画が進んでいるくらいでした。

こうした状況が大震災後に大きく変わりました。電気事業連合会は2015年11月、**使用済燃料対策推進計画**を策定し、中間貯蔵能力の拡大に業界を挙げて取り組む方針を示しました。中部電力・浜岡原発や九州電力・玄海原発、四国電力・伊方原発などに貯蔵施設が新たに整備される計画です。他方、再稼働した原発が最も多い関西電力は原発立地の地元である福井県が県内での中間貯蔵に否定的で、貯蔵場所の確保に頭を悩ませています。

3-9 使用済み燃料の中間貯蔵

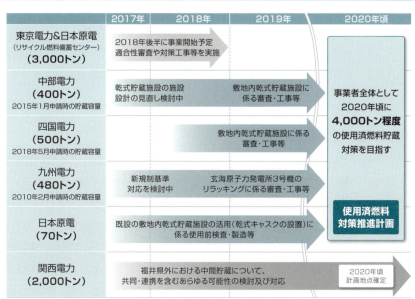

各原子力発電所における使用済燃料貯蔵状況

(2017年12月末時点)【単位:トンU】

発電所名		使用済燃料貯蔵量	管理容量
北海道	泊	400	1,020
東 北	女川	420	790
	東通	100	440
東 京	福島第一	2,130	2,260
	福島第二	1,120	1,360
	柏崎刈羽	2,370	2,910
中 部	浜岡	1,130	1,300
北 陸	志賀	150	690
関 西	美浜	470	760
	高浜	1,220	1,730
	大飯	1,420	2,020
中 国	島根	460	680
四 国	伊方	670	1,020
九 州	玄海	900	1,130
	川内	930	1,290
原 電	敦賀	630	910
	東海第二	370	440
合 計		14,900	20,740

※六ヶ所再処理工場の使用済燃料貯蔵量:2,968トンU(最大貯蔵能力:3,000トンU)

出典:資源エネルギー庁資料

3-10
高レベル放射性廃棄物の処分

原子力発電が抱える最大の問題と言えるのが、高レベル放射性廃棄物の最終処分地の選定です。数万年にわたって人体に有害であるため地中深く埋める必要がありますが、場所が決まる見込みが全然立ちません。

▶▶ 適地を色分けした地図を公表

日本の原子力発電所は「便所のない家」にたとえられます。**高レベル放射性廃棄物**を処分する場所がまだ決まっていないからです。現在の計画では、発電の結果生まれる使用済み燃料は、再処理して燃料として使用可能なウランやプルトニウムを取り出します。それ以外の使い道のない"ゴミ"が高レベル放射性廃棄物です。

人体に害を与える放射線を数万年も出し続けるため、人間の生活圏からその間、隔離しておく必要があります。処分方法は地層処分というやり方がすでに決定しています。地下300メートル以下の地層に埋設するものです。フランス、スウェーデン、韓国などでも採用されており、最も安全だといわれています。

日本では2000年6月に「特定放射性廃棄物の最終処分に関する法律」が施行され、処分地選定の取り組みが始まりました。電力業界が中心となって同年、「原子力発電環境整備機構（NUMO）」という事業主体を設立。NUMOは02年から、全国の自治体を対象に処分場の受け入れ先を募集しましたが、決まる見通しは全く立たないままでした。

政府はそこで、15年5月に「最終処分に関する基本方針」を閣議決定。科学的観点から高レベル廃棄物の最終処分地としての適性が高いと考えられる地域の提示に向けて、国が前面に立って取り組むとの考えを示しました。**資源エネルギー庁**はその方針に基づき、17年7月に**科学的特性マップ**を公表しました。純粋に科学的知見に基づいて、処分場の立地に適した地域と不適な地域を色分けで示したものです。地震や火山の甚大な被害が想定される地域や、有価な地下資源が眠っている地域は不適な地域として区分されました。

政府とNUMOは科学的特性マップで比較的適性があると区分された地域を中心に、地元の人々との対話活動を進めています。候補地選定に向けた取り組みはまだ始まったばかりと言えます。

3-10　高レベル放射性廃棄物の処分

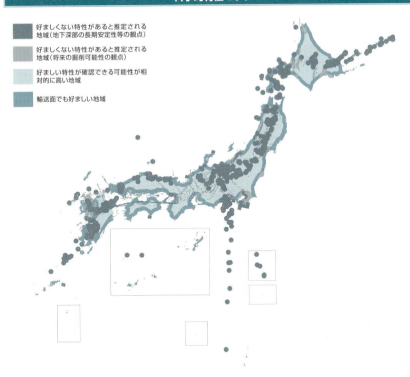

出典：資源エネルギー庁資料

半世紀後には原子力復活？

　福島第一原発の事故により逆風が吹き荒れている原子力発電。でも今世紀後半には、社会受容性が再び高まり、発電の主役として大復活を遂げるかもしれません。それは別に、原発の安全性がその頃には大きく向上しているとか、人々の原発の安全性への信頼度が高まるから、というわけではありません。

　むしろ逆で、福島での事故の記憶が遠く彼方に消え去り、人々の原子力への関心が薄れるからです。半世紀程度の時間が経過すれば、不幸な大事件を実体験した世代が退場することで、共同体として同種の出来事の再発を受け入れる精神的準備が整うと考えられます。

　例えば、19世紀から20世紀初頭においてヨーロッパは総じて平和を享受しており、第一次世界大戦が勃発した1914年までの100年間で列強国同士が戦火を交えた期間は、わずか18カ月だそうです。その過半を占める普仏戦争の終結は1871年ですから、1914年当時の人々の多くは戦争を直接的に知りませんでした。その結果として、ほとんどの人は第一次世界大戦が始まる直前まで戦争を現実的な問題として受け止めておらず、若者の中には戦争をロマンチックなものとして捉える傾向すらありました。実際、いざ戦争になると兵士に志願する者が殺到しましたが、こうした若者の多くが例えば西部戦線の塹壕戦においていかに悲惨な運命を辿ったかは周知の事実です。

　現在の日本でも、戦争を準備するさまざまな政治的な動きに対する反発は限定的なものにとどまっています。こうした状況は、後藤田正晴や野中広務などかつての大物政治家を含めて戦争を経験した世代が少なくなっていることの帰結と言えるでしょう。日本社会の空気がいつしか「戦後」から「戦前」へと変わったように、原発に対する世の中の本能的な拒否反応も世代交代が進む中でやがて薄れていくに違いありません。

第4章

送配電

　日本では送配電網は、大手電力のエリアごとに整備されてきました。大手各社の送配電部門が各地で設備の管理・運用を担い、電力の安定供給を最終的に維持しています。運用業務は自由化の進展や再生可能エネルギーの導入拡大などにより複雑化しており、その傾向は今後ますます強まるでしょう。新たな電力システムへの移行が円滑に進むかどうかは、送配電事業が設備と制度の両面でその変化に遅滞なく対応できるかどうかにかかっているとも言えます。

4-1
送配電の仕組み

従来型の電力システムでは、電気は海沿いなどにある大型の発電所から大消費地である都市部まで、送電線を通って数百キロもの距離を運ばれています。電圧は、需要家のニーズに合わせて段階的に下げられます。

▶▶ 超高電圧で送電ロスを減らす

技術開発により大型化した発電所の多くが人口密度の高くない海沿いや山間部に立地するのに対し、電気の主な消費地は大都市圏です。そのため、電気は送電線を通って長距離を運ぶ必要があります。こうしたシステムの象徴が、発電容量が100万kWを超える原子力発電所です。**東日本大震災**前までは、福島県や新潟県にある原発の電気は首都圏まで運ばれていました。関西で消費される電気の多くは福井県に立地する原発に依存しています。

発電所で作られる段階では、電気の電圧は数千V〜2万Vの間です。それを発電所に併置された変電所で、50万Vもしくは27万Vという超高電圧に昇圧します。その方が大量の電力を送ることができ、かつ送電ロスが少ないからです。送電能力は電圧の2乗におおよそ比例し、送電ロスは同じく電圧の2乗に反比例します。そのため、長い距離を送電する際、消費される直前まで可能な限り高い電圧で送った方が経済的なのです。

電気は最終的に消費されるまでに、何カ所か変電所を経由します。変電所で電圧を下げるのは、需要家それぞれのニーズに合わせた電圧で電気を供給するためです。最初の変電所は超高圧変電所と呼ばれます。そこで電圧は15万4,000Vに下げられます。大規模工場など一部の大口需要家にはこの段階で電気が届けられます。その後も変電所を通る度に、電圧は6万6,000V、2万2,000V、6,600Vと下げられます。6,600Vの段階では、工場など産業用の大口需要家だけでなく、ビルなど商業施設の需要家にも届けられます。

最も末端の一般家庭に届けられる際の電圧は100Vか200Vです。直前まで6,600Vで運ばれて、最終的には電柱の上に設置された柱上変圧器で降圧されます。なお、発電所から需要家に届く直前の変電所までが送電線、最後の変電所から先が配電線というように区分されます。

4-1 送配電の仕組み

送配電の仕組み

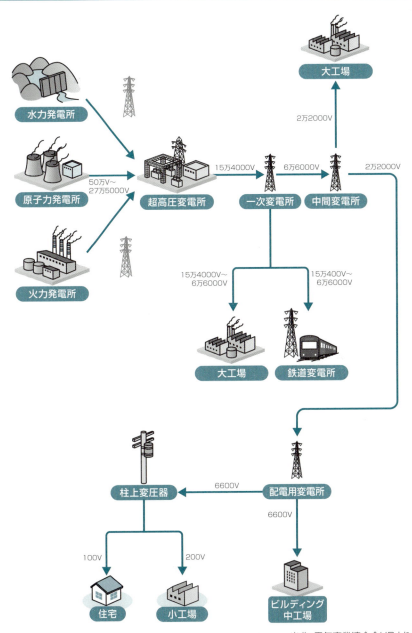

出典：電気事業連合会HPより

4-2
串刺し型ネットワーク

広いとはいえない日本列島は、10の小さな送電ネットワークに分かれています。沖縄以外の9つのネットワークは隣同士がつながっていますが、全国大でたくさんの電気を融通し合うことには限界があります。

▶▶ 大手電力ごとの小さな「団子」

送電ネットワークの形状は国や地域によって異なります。例えば、網の目のように張り巡らされている欧州のネットワークが「メッシュ型」と呼ばれるのに対して、日本のネットワークは「串刺し型」と呼ばれる独特の形状をしています。

日本のネットワークは、近隣の他国のネットワークとはつながっていない一方、沖縄を除いた全ての地域は物理的につながっています。とはいっても、北海道から九州まで日本列島全体がひとつのネットワークとして運用されているわけではありません。ネットワークは、9つの一般送配電事業者（**大手電力グループ**の送配電会社）がそれぞれ個別に管理しているのが大きな特徴です。

戦後日本の電力産業構造は俗に**9電力体制**と呼ばれています。地域別の9つの電力会社が発電から小売まで垂直一貫の事業体制で、供給エリア内で独占的に電気事業を営んでいたからです。その産業構造が送電ネットワークのあり方にも反映されているのです。

串刺し型の「串」に刺さった「団子」の部分が、各社の供給ネットワークです。それ自体が閉じたひとつの円で、団子は9つあります。その団子をつなげる「串」が各社の供給エリアを結ぶ送電線で、地域間**連系線**と呼ばれています。

連系線の容量はそれほど大きくありません。自由化以前の**地域独占**の時代には、各大手電力は原則的に各エリア内で自給自足しており、連系線を通して恒常的に大量の電気をやりとりすることは想定していませんでした。

ですが、自由化により、串刺し型ネットワークは競争活性化の阻害要因として認識され始めました。また、**東日本大震災**直後に首都圏が計画停電になった際には、西日本では供給力に余裕があったものの、連系線の容量が制約になり電気を十分に送れなかったことが問題視されました。この経験により、供給安定性の点からもネットワークの在り方は問われるようになりました。

4-2 串刺し型ネットワーク

日本の電力ネットワークの特徴

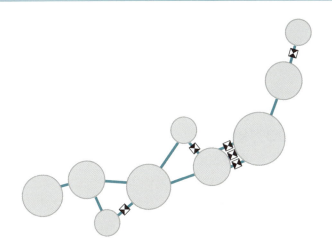

出典：経済産業省資料より

10のエリアに分かれる

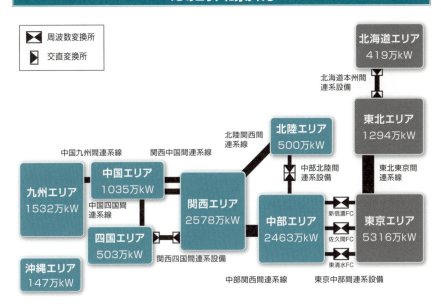

出典：電力広域的運営推進機関資料

4-3
連系線・周波数変換所

複数の連系線で送電容量の増強計画が進んでいます。エリアを越えて送れる電気の量が増えることで、供給安定性の向上や競争促進、あるいは再生可能エネルギーの導入拡大などさまざまな効果が期待できます。

▶▶ 東京-中部間は300万kWに

　大手電力の旧供給エリアを結ぶ地域間**連系線**は全国に10本あります。そのうち**東日本大震災**後に送電容量の増強が決まったのが3本。その一つが、中部電力と東京電力のエリアを結ぶ連系線です。両エリア間には東電の新信濃変電所（長野県朝日村）、中部電の東清水変電所（静岡市）、Jパワーの佐久間周波数変換所（浜松市）という3設備がありますが、東日本大震災時点で送電容量は合計100万kWしかありませんでした。

　その主因として、東日本と西日本で周波数が異なることがあります。北海道、東北、東京の3社の管内が50Hz、中部、北陸、関西、中国、四国、九州の6社の管内が60Hzで、系統が独立している沖縄も60Hzです。東電エリアと中部電エリアの間は周波数の変わり目なのです。そのため、両エリアを結ぶ連系線は**周波数変換所**（FC）と呼ばれます。

　東日本大震災後、FCの容量は段階的に増強されています。東清水が2013年に20万kW増強されました。新信濃は90万kWの増強工事が20年度に完了し、21年3月から使用が開始される予定です。さらに27年度までに佐久間を30万kW、東清水を60万kW増強することが決まっています。これら工事がすべて完成すれば、FC全体の容量は300万kWにまで拡大します。

　東北電力と東京電力のエリアを結ぶ連系線も、東北地方の発電所から首都圏向けに電気を送りたいというニーズなどに応えるため増強工事を実施中です。27年11月までに455万kWの増強工事が完了する予定で、運用容量は1,028万kWになります。また、北海道と東北を結ぶ**北本連系線**は19年3月に60万kWから90万kWに増強されましたが、18年9月に発生した北海道での**ブラックアウト**を受け、さらに容量を拡大します。供給安定性の向上だけでなく、再エネ導入可能量の拡大などの要素も勘案して、さらに30万kW増強する方針です。

4-3 連系線・周波数変換所

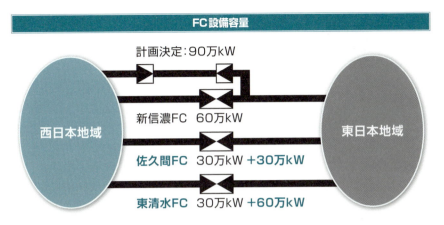

出典：電力広域的運営推進機関資料

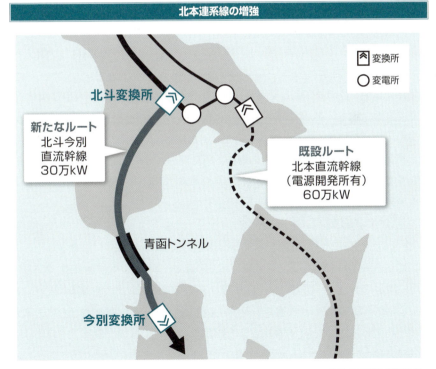

出典：電力広域的運営推進機関資料

4-4
無電柱化

日本の配電ネットワークが以前から抱える大きな課題に無電柱化の遅れがあります。電線が道路の上空に設置されていることは、防災性や安全性、景観の観点から問題があり、政府は対策に本腰を入れ始めています。

▶▶ 海外に比べて遅れている

道ばたに等間隔に電柱が立ち並び、頭の上には電線が走っている。日本で生まれ育った人は特に疑問に思わない日常的な風景です。電線や電柱の存在は当たり前すぎて、町を歩いていても、普段は視界に入ってこないくらいです。ところが、それは世界の常識ではありません。欧米の主要都市では電線はほとんど地面の下に埋められています。

パリやロンドンでの無電柱化率は100%です。アジアの都市でも、台北は95%、シンガポールは93%と非常に高い水準です。それに対し、東京23区はわずか7%、大阪市は5%に過ぎません。日本全体の数字はさらに低くなります。

電線を地中に埋めるなどして無電柱化することのメリットは少なくありません。まず防災性の観点です。**東日本大震災**では地震の揺れで電柱が大きく傾いたり電線が垂れ下がったりする被害が被災地で見られました。また、2018年9月に発生した台風21号では関西地方で大量の電柱が倒されて大規模停電になりました。電柱をなくすことはこうした被害の軽減につながります。無電柱化は他にも、歩行者の安全性の向上や町の景観の改善といった効果を生み出します。

こうした問題意識は以前からありましたが、取り組みは一向に進んでいませんでした。それがここにきて、機運が高まっています。2016年12月に「無電柱化の推進に関する法律」が成立。国土交通省は同法に基づく「無電柱化推進計画」を18年4月に策定しました。同計画では、災害発生時の緊急輸送道路や駅周辺などバリアフリー化が必要な道路、世界遺産の周辺の道路などを中心に、20年度までの3年間で約1,400kmの無電柱化を実施するとの目標を掲げています。18年12月には防災対策の観点から約1000kmが上積みされました。

目標達成に向け、低コストで済む工法の採用などを促しています。国民の関心を高めるため、毎年11月10日を「無電柱化の日」にして、イベントを開いています。

4-4 無電柱化

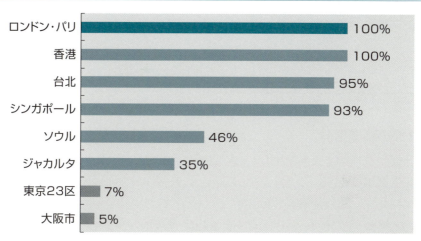

欧米やアジアの主要都市と日本の無電柱化の現状

都市	割合
ロンドン・パリ	100%
香港	100%
台北	95%
シンガポール	93%
ソウル	46%
ジャカルタ	35%
東京23区	7%
大阪市	5%

出典：国土交通省資料

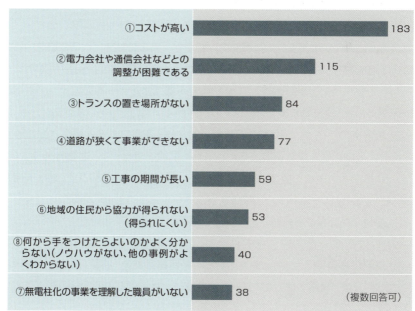

市区町村長に聞いた無電柱化事業の課題

課題	回答数
①コストが高い	183
②電力会社や通信会社などとの調整が困難である	115
③トランスの置き場所がない	84
④道路が狭くて事業ができない	77
⑤工事の期間が長い	59
⑥地域の住民から協力が得られない（得られにくい）	53
⑧何から手をつけたらよいのかよく分からない（ノウハウがない、他の事例がよくわからない）	40
⑦無電柱化の事業を理解した職員がいない	38

（複数回答可）

出典：国土交通省資料

4-5
送配電事業者

小売全面自由化に合わせて導入されたライセンス制では、送配電事業は3つの事業区分に分かれました。その一つには大手電力の送配電部門が該当しますが、送電線を所有する事業者は他にもいるのです。

▶▶ 3つの事業区分

全国に10社ある**大手電力グループ**の送配電会社に付与されたライセンス名は**一般送配電事業者**です。二重投資防止の観点から政府の許可制になっています。エリア内の電圧・周波数の維持義務が課されており、エリア内の安定供給確保に最終的な責任を負っています。送配電事業者と言えば、通常はこの10社を指します。

一般送配電事業者は、停電が発生した際の復旧作業の実施主体になります。今回の電気事業法改正では、19年9月の千葉大停電の反省を踏まえ、停電解消迅速化のために10社が従来以上に連携する仕組みが導入されました。各社の事前の備えや災害発生時の対応を整理した**災害時連携計画**の策定が義務化された他、復旧作業に要した費用を各社の拠出金で賄う**相互扶助制度**が創設されました。

大手電力の中で、小売部門と発電部門が新規参入者との競争にさらされているのに対し、**地域独占**が続く送配電部門は"平和"な状況を享受し続けると一見思われがちです。ですが、電力需要が伸びない中、**再生可能エネルギー**導入拡大への対応を求められるなど、送配電事業の未来はそれほど明るいものではありません。

送配電事業のライセンスは他に3種類あります。送電事業者と特定送配電事業者、そして今回の改正**電気事業法**で定められた配電事業者です。**送電事業者**は「一般送配電事業者に電気の**振替供給**を行なう者」で、政府の許可制です。地域間**連系線**を保有する**Jパワー**がその代表です。再エネ拡大のため独自に送電線を整備している北海道北部送電や福島送電合同会社も、発電した電気を北海道電力ネットワークや東京電力パワーグリッドへ振替供給するので、送電事業者に該当します。

特定送配電事業者は、以前の事業区分での特定電気事業（特電）の送配電部門などが含まれます。特電とは、ガス**コージェネレーション**などの分散型電源を活用して特定のエリアへの電力供給を行なう事業者で、東京の六本木ヒルズへのエネルギー供給を担う六本エネルギーサービスなどが該当します。

4-5　送配電事業者

一般送配電事業は独立した会社に

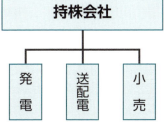

【持株会社方式】東京、中部

【発電・小売親会社方式】北海道、東北、北陸、関西、中国、四国、九州

分社化後（2020年4月～）

分社方式	送配電会社名	ロゴマーク（商標）
発電・小売親会社方式	北海道電力ネットワーク	ほくでんネットワーク
発電・小売親会社方式	東北電力ネットワーク	東北電力ネットワーク
持株会社方式	東京電力パワーグリッド（2016年4月分社化済）	東京電力パワーグリッド
持株会社方式	中部電力パワーグリッド	中部電力パワーグリッド
発電・小売親会社方式	北陸電力送配電	北陸電力送配電
発電・小売親会社方式	関西電力送配電	関西電力送配電
発電・小売親会社方式	中国電力ネットワーク	中国電力ネットワーク
発電・小売親会社方式	四国電力送配電	YONDEN T&D
発電・小売親会社方式	九州電力送配電	九州電力送配電

第4章　送配電

4-6
託送制度

　大手電力が長年かけて整備してきた送配電網を運営する一般送配電事業は、全面自由化後も地域独占が続きます。小売事業者が電気を売るには送配電網を使用させてもらう必要があります。それが託送という仕組みです。

▶▶ 送電インフラは公共財

　自由化により小売部門と発電部門は市場競争にさらされることになったのに対し、一般送配電事業は**大手電力グループ**の送配電会社による**地域独占**が続きます。全国を網羅する送電線網が整備済みなのに新規参入者が新たに別の送電線を引くことは非経済的で無意味だからです。

　そのため、**新電力**も自社の顧客に電気を販売する際には大手電力が所有する送電線を使用することになります。電気を「送る」ことを一般送配電事業者に「託す」わけで、これを**託送**といいます。

　送電ネットワークを利用するために、小売事業者は各エリアの一般送配電事業者と託送契約を結ぶ必要があります。日本全国で小売事業を展開している新電力であれば、北海道から沖縄まで10の送配電事業者と契約しなければいけません。

　ただ、複数のエリアをまたいで電気を送る場合に、各送配電事業者にそれぞれ**託送料金**を払う必要はありません。エリアをまたぐごとに加算される振替供給料金という制度が以前はありました。俗に「パンケーキ」と呼ばれる仕組みですが、全国的な競争促進を阻害するとして2005年に廃止されました。現在では例えば、福岡県の需要家に同じ九州電力エリアの大分県から電気を送っても、北海道から電気を送っても、託送料金は変わりません。なお、需要家に電気を送り届ける託送を**接続供給**、需要家は他エリアにいるため通過するだけの託送を**振替供給**と言います。

　託送制度にとって最も重要なのは、内外無差別の仕組みであることです。大手電力の送配電子会社が自社グループの小売部門と新電力を差別的に取り扱っては大問題です。2020年4月に**発送電分離**が実施されましたが、大手電力グループ内で送配電部門と発電・小売部門の資本関係は残りますから、行政によるチェックは引き続き重要です。分散型電源が大型電源に対して不当に不利に扱われないことなど、事業者間だけでなく電源間の公平性も確保される必要があります。

4-6 託送制度

託送制度の概要

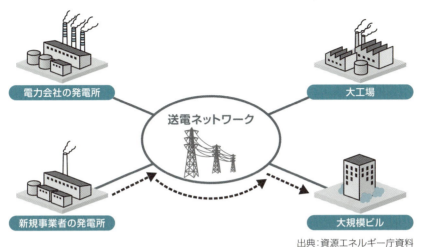

出典：資源エネルギー庁資料

パンケーキ問題の解消

以前の制度

- 電力会社の供給区域をまたぐ供給者は、A・B電力に振替供給料金を、C電力に接続供給料金を支払う。

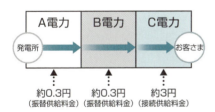

電力会社の供給区域をまたぐ供給者の負担
…約3.6円/kWh
（またがない供給者…約3円/kWh）

2005年4月～

- 電力会社をまたぐ、またがないに関わらず供給者は、C電力に接続供給料金を払う。C電力は、従来の振替供給料金相当を、A・B電力へ精算する。

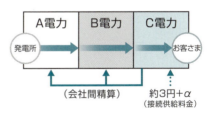

供給区域全ての供給者の負担
…約3円+α/kWh

※従来、特定の供給者が負担していた振替供給料金は、供給区域全ての供給者が均等に負担する。

出典：資源エネルギー庁資料

4-7
自己託送・特定供給

　自家発電設備は東日本大震災後、日本全体の供給安定性を維持する観点から、系統電力を代替・補完する手段として評価されています。経済産業省は自己託送と特定供給の運用改善により、導入を後押ししています。

▶▶ 自家発電の有効活用を促す

　自己託送とは**自家発電**設備の有効活用を促すために送配電事業者が提供するサービスです。自家発とは本来、工場など設置場所で必要な電気を作るものですが、発電能力に余裕がある場合、離れた場所にある自社の工場での使用分もその自家発で賄うというニーズが企業には生まれます。

　ただ、そのためには**大手電力**の保有する送配電網を使う必要があります。**小売電気事業者**のライセンスを取れば現在の制度内の通常の商取引として可能ですが、自社内での電気のやり取りにそこまで手間をかけるのは企業にとって負担です。

　そこで2014年に制度化されたのが自己託送です。経済産業省は、一般送配電事業者に対して料金規制や託送供給義務を課しています。横浜市や東京都八王子市がゴミ発電所の電気を離れた場所にある役所などに供給するなど全国で活用事例は増えています。19年にはソニーが大規模太陽光の自己託送を初めて実現しました。太陽光の発電量を高精度で予測する東京電力グループの知見を活用することで、蓄電池の併設が不要になり、経済合理性が生まれました。

　特定供給とは、供給者と需要側に資本関係などの「密接関連性」がある場合に、**自営線**を用いて電気を供給することを認める制度です。**電気事業法**の枠外の仕組みで、料金規制や供給義務を負っていません。主に製紙、化学など電力多消費産業の企業が許可を受けています。以前は供給者が保有する発電設備で全需要を満たす必要がありましたが、その条件は大震災後に段階的に緩和されています。

　12年10月には需要の50%までは**系統電力**の供給を受けることを認めました。13年度末には残りの50%分についても、長期契約で供給力を確保できれば自社電源で賄う必要はなくなりました。その際、**燃料電池**も電源として認めること、太陽光や風力など出力が不安定な電源も**蓄電池**や燃料電池と組み合わせて供給安定性を確保できる場合には供給力として位置づけても構わないことが明示されました。

4-7 自己託送・特定供給

自己託送実施イメージ例

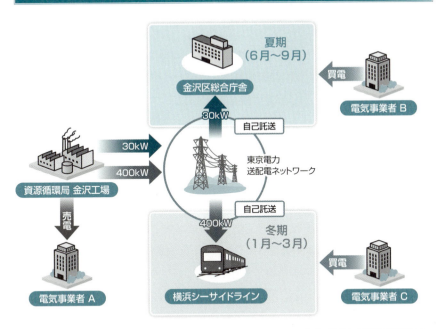

出典：横浜市報道発表資料より

特定供給のイメージ

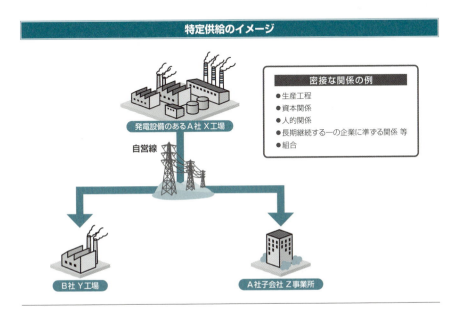

4-8
同時同量の原則

電力システムについて理解する際に欠かせない基本的な特徴の一つに「同時同量の原則」があります。電気の品質維持のため、ネットワーク内で発電される電気の量と消費される電気の量は常に一致している必要があります。

▶▶ 安定供給の生命線

一つの送配電ネットワークの中で発電される電気の量と消費される電気の量は常に一致していなければなりません。それが**同時同量**の原則です。需要と供給のバランスが大きく崩れると、最悪の場合、停電が起きてしまいます。停電にまでは至らなくても、半導体などの精密品を扱う工場では微妙な周波数の乱れも製品の質に影響を及ぼすと言います。同時同量を守ることは送配電事業者の最大の使命なのです。

とはいえ、事前に行われる需要の予測が完全にあたることはあり得ませんし、そもそも天気予報が外れるなど予測の前提条件が変わる事態はいくらでも起こります。そのため、送配電事業者は中央給電指令所という施設で刻々と変わる需要にあわせて供給量の微調整を繰り返しています。実際の運用をより正確に言えば、周波数が決まった値からズレないように調整しています。東日本では50Hz、西日本では60Hzを維持し続けています。

地域独占の時代には基本的に**大手電力**自身の発電量と需要だけを管理していればよかった中央給電指令所の業務は、自由化により小売事業者や**発電事業者**の数が増えたことで複雑化しています。さらに言えば、同時同量の維持にかかる手間は今後ますます増えていくことが確実です。**太陽光発電**など出力が不安定な**再生可能エネルギー**の導入量が拡大することは、系統全体にとって新たな不安定要素になります。また、自宅に設置した太陽光発電の電気の**P2P**（直接取引）など新たな取引形態への対応も中長期的には大きな課題です。

もちろん同時同量を維持するための努力は送配電部門だけに押し付けられているわけではありません。小売事業者と発電事業者も系統全体の同時同量に対して一定の責任を負っています。新たな電力システムにおいて、各事業者の役割分担も含めて、同時同量を最大限効率的に維持するための仕組みをどう設計するかは大きな課題です。

4-8 同時同量の原則

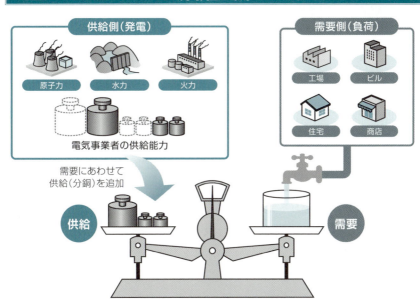

もし需要が供給能力を超えてしまったら、電力ネットワーク全体が維持できなくなり、予測不能な大規模停電を招いてしまう。

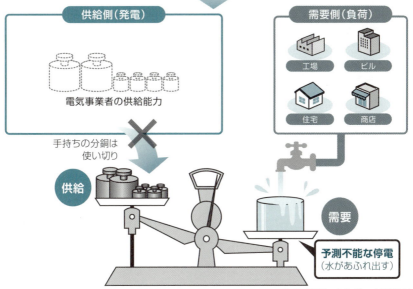

出典：資源エネルギー庁資料より

4-9
計画値同時同量

　同時同量維持のために小売事業者と発電事業者が課された責務は、全面自由化とともに大きく変わりました。小売事業者は販売量について、事前に策定した計画値と実績値の一致を求められるようになりました。

▶▶ 発電事業者も計画を提出

　小売部分自由化以来、**新電力**に課せられていた**同時同量**の義務は、30分間のなかで需要と供給の差を需要の±3%以内に収めることでした。実際の需給を30分ごとに一致させていたことから「実30分同時同量」と呼ばれています。供給力が需要を3%以上下回った場合は、足りない分は**大手電力**が自社の発電所の出力をあげて、代わりに需要家に供給していました。

　同時同量制度は2016年4月の小売**全面自由化**に合わせて大きく見直されました。新たな仕組みは**計画値同時同量**と呼ばれます。新制度では小売事業者が同時同量に努める2つの要素が変わりました。これまでは実際の発電量と販売量の一致が求められていたのが、事前に計画した販売量と実際の販売量の一致が必要になりました。では、発電量の方はどうなるかというと、**発電事業者**も新たに制度に組み込まれ、計画した発電量と実際の発電量の一致を義務づけられました。

　小売・発電ともに、電気の実際の受け渡しの1時間前の時点で、計画値を最終的に確定します。このタイミングで計画変更を受けつける「門」が閉まることから**ゲートクローズ**と呼ばれます。ゲートクローズ後の同時同量の維持には送配電事業者がエリアごとに一元的に対応します。事前に確保している調整用電源等に指令を出して、需給の一致を保ちます。小売・発電事業者の計画値と実績値のズレは事後的に確認されます。

　計画値同時同量制度に移行した背景には、全面自由化に伴う**ライセンス制**の導入もあります。需給調整業務における大手電力内の各部門の役割分担はこれまで必ずしも明確ではありませんでした。小売部門は新電力と同じように実30分同時同量を維持する努力はしていませんでしたし、最終的な需給調整も送配電部門と発電部門がいわば一体で行っていました。新電力との公平性の観点から、制度を見直す必要がありました。

4-9 計画値同時同量

同時同量制度の見直し

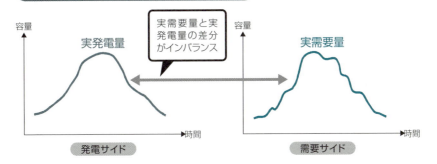

出典：資源エネルギー庁資料より

小売全面自由化後のインバランス調整

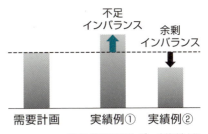

出典：資源エネルギー庁資料より

4-10
インバランス料金制度の基本

インバランスとは、小売事業者や発電事業者が事前に計画した販売量や発電量が実績値とズレることです。最終的な帳尻を取ってくれる送配電事業者との間で事後的にインバランス料金の精算が行われます。

▶▶ JEPX取引価格に連動

同時同量の維持は電気の安定供給上、極めて重要です。とはいえ、例えば小売事業者は顧客の電気の使用量を前もって正確に予測することはできませんから、実績値と計画値のかい離は不可避的に起こります。かりに実績値が計画値を上回った場合、その分は送配電事業者が補填します。小売事業者は事後的にその代金を支払います。それが**インバランス**料金です。逆の場合は、送配電事業者が余った電気を買い取るかたちになります。

計画値同時同量制度の導入に合わせて、インバランス料金の算定の仕組みも変わりました。それまでは**大手電力**各社の発電原価に基づく固定価格だったのが、**日本卸電力取引所**（JEPX）の取引価格に連動するかたちになりました。具体的には、JEPXの**スポット市場**と**時間前市場**の取引価格の加重平均を元に、各エリアの需給状況なども加味して算出しています。

インバランス料金制度は小売部分自由化とともに創設されて以来、見直しを繰り返してきました。**新電力**の支払うインバランス料金単価の水準はそのたびに下がっています。とはいえ、経営上のリスクとしてなくなったわけではありません。特に販売電力量が少ない小規模の新電力にとってインバランス費用の負担は相対的に大きくなります。そのリスクの存在が事業参入をためらう要因になっては電力自由化の進展を阻害しかねません。

そこで競争促進の観点から導入されたのが、複数の事業者が共同で同時同量を達成する**バランシンググループ**という仕組みです。複数の事業者のインバランスを合算することで需要予測のズレは相殺されるため、参加する事業者はインバランス発生リスクの低減という恩恵を受けられます。正式名称は「代表契約者制度」と言います。需要予測などのノウハウを持つ事業者が「代表契約者」というグループのまとめ役になり、送配電事業者との契約主体になるからです。

4-10 インバランス料金制度の基本

インバランス料金制度の変遷

	制度創設当初 (2000〜)	第3次制度改革 (2005〜)	第4次制度改革 (2008〜)	小売全面自由化 (2016〜)
基本 コンセプト	変動範囲外は 事故扱い	事故時補給契約の 見直し	変動範囲外インバラ ンスの対価を値下げ	市場価格連動 (需給調整市場移行までの過渡的措置)
エリア要素	あり (基本)エリア別のコスト から料金を計算	あり (基本)エリア別のコスト から料金を計算	あり (基本)エリア別のコスト から料金を計算	あり →料金に一部加味
変動範囲外 不足インバラ ※3%以上	事故時補給契約を 結び、高額基本料金を 別途支払	エリア内電源 コスト平均 ※固定費分を20倍 (稼働率5%と想定)	変動内インバラの3倍 (適切なインセンティブの検討の結果) ※夜間は2倍	下記①、②の和。 ①エネルギー市場価格 に、全体の需給状況を 踏まえた調整項を乗じ た一律料金 ②各エリアの需給調整 コストの平均との差分。
変動範囲内 不足インバラ	エリア内全電源コスト 平均に限界性を評価	エリア内全電源 コスト平均	エリア内全電源 コスト平均	
変動範囲内 余剰インバラ	各社自由設定	各社自由設定	各社自由設定 ※GLにより相場感を提示	
変動範囲外 余剰インバラ ※3%以上	無償	無償	無償	
価格差	系統利用者の実績に 応じ余剰＜不足	系統利用者の実績に 応じ余剰＜不足	系統利用者の実績に 応じ余剰＜不足	同一時間帯は個別の 実績を問わず余剰＝不足
最高価格 (不足インバラ)		81.91円/kWh(夏期) ※各社平均	48.2円/kWh(夏期) ※各社平均	21.82円/kWh ※各社平均

出典:資源エネルギー庁資料

バランシンググループのイメージ

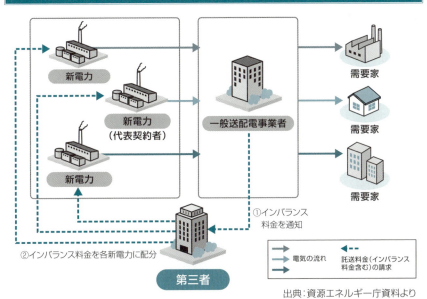

出典:資源エネルギー庁資料より

4-11
インバランス料金制度の改良

全面自由化に合わせて導入された新たなインバランス料金制度は運用開始後、不備や課題が顕在化しました。それを悪用してひと儲けする小売事業者も現れました。より良い制度に向けて、試行錯誤が続いています。

▶▶ 多くの送配電事業者が赤字に

将来的な需要を完璧に予測することは不可能なため、インバランスがある程度発生することは仕方がありません。ただ、インバランスが多く発生すると、**同時同量**に最終的な責任を負う送配電事業者の負担はそれだけ重くなり、安定供給に悪影響を及ぼしかねません。そのため、インバランス料金制度にとって何よりも重要なことは、小売事業者や**発電事業者**に対してインバランスをできるだけ発生させない仕組みであることです。

ところが、2016年4月に導入された新制度の下で、インバランスの支払い価格が**日本卸電力取引所**（JEPX）**スポット市場**の取引価格を下回る状況が一部のエリアで恒常的に発生しました。つまり、供給力の一部をスポット市場に依存する小売事業者にとって、不足方向のインバランスをわざと出すことに経済合理性がある状況が生まれたのです。実際、明らかに意図的に不足インバランスを大量に発生させている小売事業者も現れました。

インバランス価格が市場価格連動になったことで予測可能になったことに加え、不足時と余剰時のインバランス単価を同一にしたことがその主因でした。両単価は以前の制度では政策的に差がつけられていました。余剰インバランスの買取価格は極めて安価だったのに対し、3%を超える不足インバランスの単価はペナルティの意味合いもあってkWhあたり30円台程度と非常に割高でした。

新制度の下では、多くの送配電事業者の同時同量維持業務の収支が赤字になるという問題も起きました。送配電事業者は、不足インバランスが発生すれば収入が得られ、余剰インバランスが発生すれば支出が生じます。多くの小売事業者が余剰寄りに需要を見積もった結果で、こうした行動も両単価に差がないことが一因でした。こうした状況を踏まえ、余剰と不足の単価は2019年4月から再び差が設けられます。より良いインバランス制度を目指す試行錯誤は続いています。

4-11 インバランス料金制度の改良

意図的インバランス発生の原因・状況

例えば、北陸エリアでは、インバランス単価がスポット市場での取引価格（エリアプライス）よりも安い状況が継続的に続いていた（上のグラフ）。その結果、多くの時間帯で顧客への販売量をゼロとする需要計画を出す新電力が現われた（下のグラフ）。スポット市場から調達するよりも意図的に不足インバランスを出す方に経済合理性が生まれたためだが、同時同量を順守する意識に欠ける悪質な行為といえる。

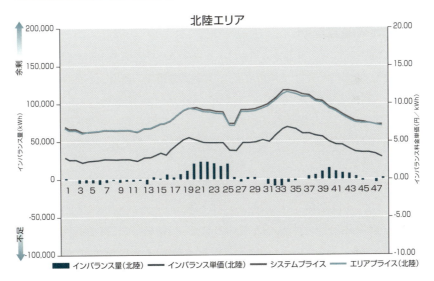

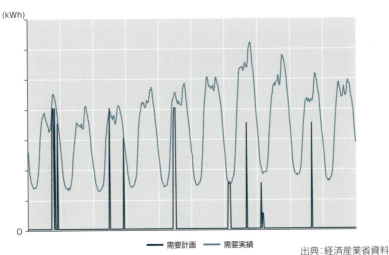

出典：経済産業省資料

4-12
インバランス料金制度抜本見直し

インバランス料金制度は2022年度に抜本的に見直されます。精算単価は需給調整市場での価格に基づくようになりますが、自然災害などにより需給が逼迫した際は別の価格体系を用いて単価を政策的に引き上げます。

▶▶ 需給状況を適宜反映

新たな制度では、インバランス料金は一般送配電事業者が同時同量維持のために用いた調整力の単価をもとに決まります。**需給調整市場**の運用段階での価格が、インバランス料金になるわけです。インバランス解消と同時同量維持は実質的に同じことですから、こうした値決めの在り方が望ましいことは以前から明らかでしたが、需給調整市場が未整備だったため、現在は次善の策としてスポット市場と時間前市場の価格を参照して決めているわけです。

制度抜本見直し後は、時々の需給状況がインバランス料金というかたちで可視化されることで、市場原理により需給バランスが適切に保たれることが期待できます。ただ、系統利用者にインバランス抑制の方向での行動を促すには、需給に関する情報がタイムリーに発信される必要があります。現在のように、インバランス料金の速報値の公表が4〜5日後では意味がないのです。そのため、制度抜本見直しに合わせて、インバランスの単価と量、各エリアの総需要量や総発電量などの情報が30分以内に公表されるようになります。

大地震等による大規模電源の脱落や、異常な低気温による想定外の需要の伸びなどで需給が逼迫した際は、単価を政策的に上昇させる補正料金の体系を採用し、より強力な価格シグナルを出します。工場等の自家発電や**デマンド・レスポンス**（DR）などの追加的な供給力を掘り起こす狙いです。

需給逼迫の度合いは、送配電事業者が確保する調整力の余力で判断します。インバランス単価は、余力が10%を切った段階で上げ始め、3%で上限価格に到達します。上限価格は原則として600円とされましたが、最初の2年間は200円という暫定措置が導入されます。わずかなインバランスでも経営への影響が甚大になると新電力が強く懸念したためです。また、**計画停電**実施時は200円、電力使用制限発令時は100円という固定価格となり、20年7月から先行適用されています。

4-12 インバランス料金制度抜本見直し

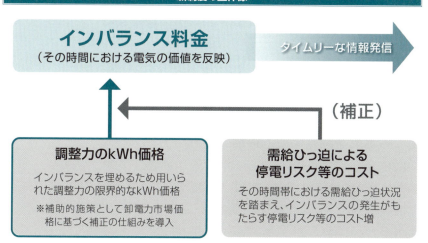

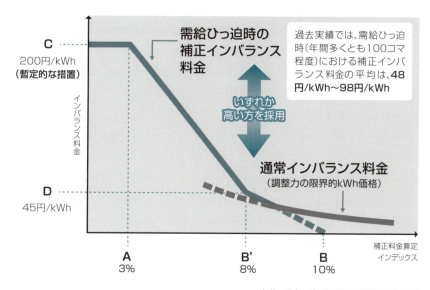

4-13
電力広域的運営推進機関

電力広域的運営推進機関は、日本全体の電気の安定供給に責任を持つ機関として、2015年4月に発足しました。主に技術的側面から、全国大で電気が効率的かつ公正に流通する仕組みを整えています。

▶▶ 全ての電気事業者に加入義務

電力広域的運営推進機関は政府の認可法人で、発電、送配電、小売の全ての電気事業者に加入義務があります。**東日本大震災**後に決められた電力システム改革の1段階目の目玉として、**電力系統利用協議会**（ESCJ）と入れ替わる形で創設されました。あらゆる時間軸で日本全体の電気の安定供給に目配りする組織で、ハード、ソフトの両面で全国大の供給安定性の確保のために必要な施策を講じます。

24時間365日、全国の需給状況を監視し、想定外の気温上昇や自然災害などにより安定供給に支障が起こりかねないと判断した場合には、供給力不足のエリアに電気を融通するよう事業者に指示する権限があります。例えば、2018年7月に想定以上の高気温により関西電力エリアで需給のひっ迫が懸念された際は、中部電力や中国電力など**大手電力**5社に対して関西への送電を指示しました。

経済産業省が進める電力システム改革の新制度について、技術的な側面からの検討作業は基本的に請け負っています。**容量市場**や**需給調整市場**、**日本版コネクト＆マネージ**などの詳細設計は、広域機関が設置した有識者会議で行われてきました。2018年9月に発生した北海道の**ブラックアウト**の原因究明も担当しました。

中長期的な全国大の電力系統の在り方についても検討し、**連系線**の増強でも主導的な役割を担います。事業者や国から要請があった場合、工事費用の負担割合など増強工事の具体的な計画を立案します。また、小売事業者が利用する一般家庭など低圧需要家のスイッチング支援システムの運営も担っています。支援システムの利用状況は自由化の動向を知る貴重なデータで、毎月公表されています。

広域機関が担う仕事は、20年の**電気事業法**改正によりさらに増えました。例えば、再エネなど電源側の事情も加味して全国大で最適なネットワーク形成となるよう「広域系統整備計画」を策定することになりました。また、再エネ賦課金の管理や交付などFIT制度に基づく業務も広域機関に任されました。

98

4-13 電力広域的運営推進機関

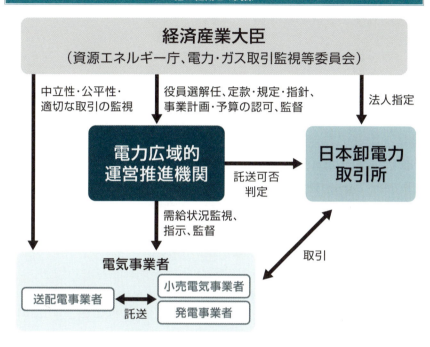

広域的運営推進機関の業務内容

①災害等による需給ひっ迫時において、電源の焚き増しや電力融通を指示することで、需給調整を行う。

②全国大の電力供給の計画を取りまとめ。送電網の増強やエリアを越えた全国大での系統運用等を進める。

③平常時において広域的な運用の調整を行う。（周波数調整は各エリアの送配電事業者が実施）

④新規電源の接続の受付や系統情報の公開に係る業務や、発電と送配電の協調に係るルール整備を行う。

出典：電力広域的運営推進機関資料より

4-14
電源の接続ルール

送配電事業者が恣意的に特定の電源を排除・冷遇することは発電市場の公正競争上問題で、本来あるべき電源構成を歪めることにもなりかねません。そのため、電源の接続に関するルールが定められています。

▶▶ 発電事業者の負担軽減が課題

発電事業者は、発電設備の新設に当たって、送配電事業者に依頼して送電網に接続してもらう必要があります。その際には基本的に送電網の増強工事が必要になります。増強費用のうち、どれだけを発電事業者が自己負担し、どれだけを一般負担で賄うかはルール化されています。一般負担とは、発生する費用を**託送料金**に含めることで全ての需要家から広く薄く回収することです。

送電網の背骨にあたる基幹系統の増強費用はエリア全体の供給安定性の向上にも寄与することから、原則的に一般負担が認められています。ただ、費用対効果の観点から上限が定められており、以前は電源種によってばらつきがありました。例えば、最も安い太陽光ではkW当たり1.5万円であるのに対し、最も高いバイオマス専焼は4.9万円でした。それが2018年に全電源種一律4.1万円に改められました。

送電線容量にすでに空きがない地点での接続を希望する場合、発電事業者の負担額は当然大きくなります。ルールに基づいた負担額であっても、それが電源新設の経済合理性を失わせるような水準では問題だと以前から指摘されてきました。どの新規接続案件により容量が足りなくなり、増強工事実施の引き金が引かれるかは運でもあり、発電事業者間の公平性の観点からも何らかの対応が必要でした。

そこで**電力広域的運営推進機関**が新たに制定したのが、「電源接続案件募集プロセス」です。系統増強が不可避で発電事業者の負担が重くなるエリアを対象に、送配電事業者が新規接続電源を広く募集する仕組みです。東北地方と九州地方を中心に多くのエリアで募集が行なわれています。

ただ、発電事業者の反発がこれで全て解消されたわけではありません。接続費用がネックになり電源新設計画が進まず、送配電事業者の対応に不満がくすぶる事例はまだあります。接続ルールは、発電設備も含めたネットワーク全体の効率性向上の観点も踏まえて、今後も改良されていく方向です。

100

4-14 電源の接続ルール

接続問題が発生するケース

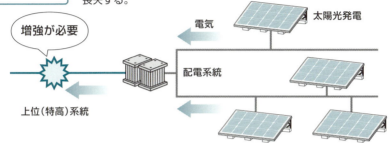

出典：資源エネルギー庁資料

電源接続案件募集プロセス

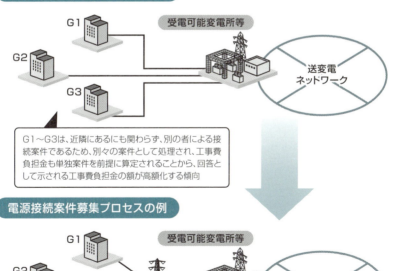

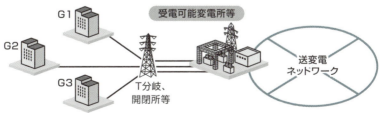

出典：電力広域的運営推進機関資料より

4-15
給電ルール・再エネ出力抑制

需給状況により、系統に接続された電源の出力抑制が必要になった際に参照されるのが給電ルールです。九州では同ルールに基づいた太陽光発電や風力発電の出力制御が実際に2018年から行なわれています。

▶▶ 監視委が妥当性をチェック

送配電事業者が自社グループの電源を恣意的に有利に扱うなど、系統に接続された電源の間に不公平な状況が生まれては問題です。そのため、需要の減少などにより発電機の出力を下げたり停止したりする必要が生じた際の送配電事業者による出力抑制の順番は決まっています。いわゆる優先給電ルールです。

需要が供給を上回ることが想定された場合、最初に取られる対策は**揚水発電**所での水の引き上げです。これにより新たな需要を意図的に生み出すわけです。それに加えて、新規参入者の電源も含めて、火力発電所の出力を制御します。ただ、あまり下げ過ぎると、太陽光が発電を停止する日没時の対応が難しくなるので、一定の出力は維持されます。

次に取られる対策は、**連系線**を活用した他地域への送電です。それでも電気が余る場合には、**再生可能エネルギー**のうち、**バイオマス発電**の出力を抑制します。その次に来るのが**太陽光発電**と**風力発電**の出力抑制です。水力、**原子力**、地熱は**長期固定電源**と位置づけられており、抑制対象になるのは最後の最後です。

太陽光発電や風力発電の導入量が大きく増えてきたことで、例えば工場など電気を大量に消費する需要家が休業する休日に天気が快晴になり太陽光発電の発電量が大きく伸びた場合などに、この優先給電ルールに基づいた抑制が行われています。離島を除く日本列島本土での太陽光や風力の出力制御は2018年10月13日の土曜日に九州で初めて実施され、43万kW分の設備が対象になりました。

再エネの導入量は全国的に今後も拡大する見通しで、四国や東北など九州以外の地域でも遠くない将来、出力抑制が実施されることになりそうです。出力の抑制が本当に不可欠だったか、抑制は優先給電ルールに基づいて行われたかなど、各エリアの送配電事業者の判断の妥当性は、**電力・ガス取引監視等委員会**が事後的に検証します。

4-15 給電ルール・再エネ出力抑制

出力抑制の指令順位

ⓐ 一般送配電事業者があらかじめ確保する調整力（火力等）及び一般送配電事業者からオンラインでの調整ができる火力発電等の出力抑制

ⓑ 一般送配電事業者からオンラインでの調整ができない火力発電等の出力抑制

ⓒ 連系線を活用した広域的な系統運用（広域周波数調整）

ⓓ バイオマス電源の出力抑制

ⓔ 自然変動電源（太陽光・風力）の出力抑制

ⓕ 電気事業法に基づく広域機関の指示（緊急時の広域系統運用）

ⓖ 長期固定電源の出力抑制

出典：資源エネルギー庁資料より

接続問題が発生するケース

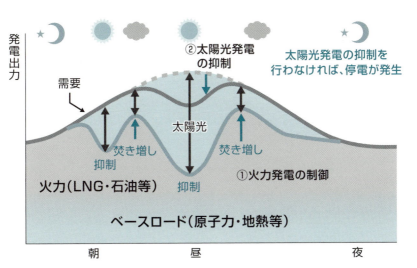

出典：資源エネルギー庁資料

4-16
連系線利用ルール

連系線利用ルールは2018年10月に大きく変わり、間接オークションという仕組みが導入されました。従来の先着優先の仕組みは、日本全国が一つのネットワークとして効率的に運用されることを妨げていたからです。

▶▶ 経済合理性のある仕組みに

連系線利用ルールは従来、利用登録を申請した時間が一秒でも先の事業者が自動的に利用権を得るというものでした。いわゆる**先着優先**ルールです。同ルールの下で、昔から連系線を利用している**大手電力**の利用枠が既得権化していました。後から市場参入した**新電力**が活用できる分は、もともと大きくない送電容量のさらに一部になっていたのです。

このことにより、日本全体で発電設備の最適な運用がなされる**広域メリットオーダー**の実現が阻害されていました。単純化して説明すれば、発電単価12円/kWhの電源が枠を抑えて電気を送っているため、10円/kWhの比較的新しい電源に余力があっても送電枠を確保できず、結果として日本全体の発電単価が高止まりしていたわけです。

公正な競争環境の整備や、広域メリットオーダーの実現という観点から、価格競争力のある電源が優先的に連系線を利用できるようにすべきだという問題意識が広く生まれました。その結果、2018年10月に導入されたのが、経済性の観点を組み込んだ新たな連系線利用ルールである**間接オークション**です。

間接オークションとは、連系線の利用容量の割り当てを**日本卸電力取引所**（JEPX）の**スポット市場**取引に連動させる仕組みです。スポット市場で連系線を介した取引が成立した事業者に、自動的に連系線の利用権が付与されます。これにより全ての市場参加者に利用機会が等しく開かれ、価格競争力のある電気から順番に連系線を通ることになりました。

これまで連系線を介した取引を相対契約に基づいて行っていた事業者も、ルール変更後は現物の電気の受け渡しはスポット市場を通すようになりました。エリアをまたいで**自己託送**を行なっている**自家発電**保有者も例外でありません。これにより、スポット市場の取引量が増えるという副次的な効果も生まれています。

4-16 連系線利用ルール

間接オークションについて

先着優先に基づく仕組み

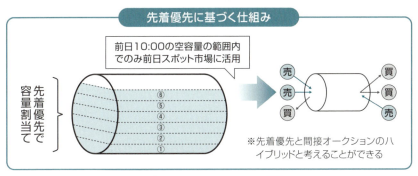

※先着優先と間接オークションのハイブリッドと考えることができる

間接オークション

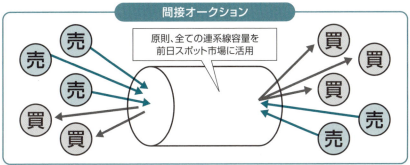

出典：資源エネルギー庁資料

連系線利用状況イメージ

4つの利用計画分を送電できる容量があると仮定　①～④は優先順位

先着優先ルール			間接オークション		
①	利用計画❶	（8円／kWh）	③	利用計画❶	（8円／kWh）
②	利用計画❷	（10円／kWh）	④	利用計画❷	（10円／kWh）
③	利用計画❸	（7円／kWh）	②	利用計画❸	（7円／kWh）
④	利用計画❹	（25円／kWh）		利用計画❹	（25円／kWh）
	利用計画❺	（5円／kWh）	①	利用計画❺	（5円／kWh）
	利用計画❻	（17円／kWh）		利用計画❻	（17円／kWh）

※利用計画の登録順に連系線を利用　　※メリットオーダーに沿って連系線を利用

出典：資源エネルギー庁資料

105

4-17
市場分断・間接送電権

連系線利用ルールが間接オークションに見直されたことで、連系線をまたいだ相対取引もスポット市場の市場分断の影響を受けることになりました。そのリスクを回避する手段として新たに作られたのが間接送電権です。

▶▶ 2019年4月に取引開始

間接オークションの導入により、連系線をまたぐ電気は全て日本卸電力取引所（JEPX）のスポット市場経由になったことで、従来の相対契約は新たなリスクを抱えることになりました。原則論として、発電と小売の両事業者は差金決済契約を結ぶことで従来と変わらない取引を続けられます。例えば、相対契約の売買価格が10円/kWhで、スポット価格が12円/kWhだった場合、発電が小売に2円分を支払えばいいのです。

ただ、こうした計算が成り立つのは、市場分断が起きていない場合に限ります。市場分断とは、連系線をまたぐ約定量が送電可能な物理的な上限を上回った場合、連系線を境に別々の市場として取引し直すことです。その結果、発電側と小売側の約定価格に差異が生じます。市場分断は特に北海道－東北間、東京－中部間、中国－九州間の3本の連系線で頻発しています。2018年度上期の分断率は、北海道－東北間75.9%、東京－中部間68.0%、中国－九州間46.1%でした。

先着優先ルールのもとで連系線利用の権利を持つ事業者には経過措置が導入され、こうしたリスクを当面は無償で回避できるようになりましたが、それ以外の事業者は常にリスクに晒されます。電気の受け渡しはスポット市場で行われるベースロード市場を機能させる観点からも、このリスクの放置はありえませんでした。

そこで値差発生リスクを一定程度回避できる間接送電権を売買する市場が19年4月に創設されました。間接送電権とは、スポット市場の分断に伴い生じる混雑収入（JEPXにたまる売買代金の差額）を原資として、エリア間値差の精算を行う権利のことです。1週間分の権利を一まとめにして売買します。取引対象となる連系線は当面、市場分断の頻度を考慮して5つに絞られました。北海道－東北間、東京－中部間、中国－四国間、関西－四国間、中国－九州間です。取引の実情を踏まえて、仕組みの改良が今後行われる可能性もあります。

4-17 市場分断・間接送電権

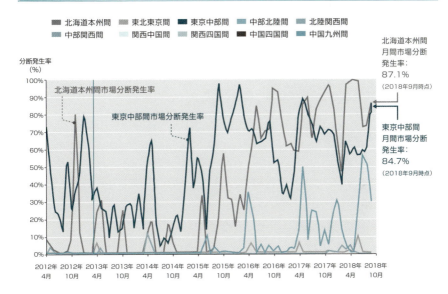

各エリア間のスポット市場分断発生率の推移

北海道本州間月間市場分断発生率：87.1%（2018年9月時点）

東京中部間月間市場分断発生率：84.7%（2018年9月時点）

※月間分断発生率：スポット市場における30分毎の各コマのうち、隣り合うエリアのエリアプライスが異なるコマの割合を月間で集計した値
※北海道エリアは、2018年9月7日〜26日の期間において北海道胆振東部地震の影響によりスポット取引を停止。停止期間中は除外して算定。

出典：電力・ガス取引監視等委員会資料

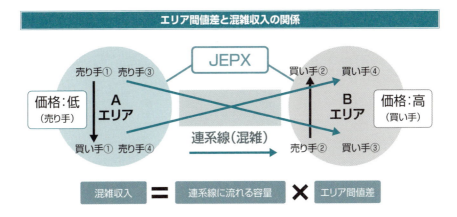

エリア間値差と混雑収入の関係

出典：資源エネルギー庁資料

4-18
ブラックアウト

ブラックアウトとは単に規模が大きい停電ではありません。一般的な停電とは質的に異なります。起きてはならない事態ですが、2018年に北海道で発生しました。日本の電力システムにとってまさに未曾有の事態でした。

▶▶ 復旧に約45時間

2018年9月6日未明に起きた最大震度7の北海道胆振東部地震は、**9電力体制**発足後初の**ブラックアウト**を引き起こしました。単純に停電した戸数から言えば、ほぼ同時期に起きた台風21号による中部・関西地方での停電件数は合計300万戸で、北海道の全需要家295万戸を上回りました。

ただ、ブラックアウトは、他の停電とは質的に異なります。焚き火にたとえれば、普通の大規模停電とは、火の勢いは衰えたものの部分的には燃えている木や枝が残っている状態です。それに対して、ブラックアウトは火の気が完全に失われた状態で、改めて一から火を起こさなければなりません。

発電機を稼働させるのに電気を必要としない水力発電などの「ブラックスタート機能付発電機」により"種火"のような電気を作ります。それとともに電気の供給先を確保して**同時同量**を維持しながら、発電と需要の規模を徐々に拡大していきます。一歩間違えれば需給バランスが大きく崩れて再び停電してしまうので、慎重な対応が必要です。北海道ではブラックスタートから停電がほぼ完全に解消されるまで45時間程度を要しました。

ブラックアウト発生の最大の原因は、苫東厚真発電所の被災です。地震発生時の北海道の需要は約300万kW。それに対して、苫東厚真発電所の供給力は165万kWで、全需要の約55%に当たる供給力が失われたのです。送電線事故による水力発電の停止などその他の要因も重なり、需給バランスは大きく崩れました。その結果、50Hzに維持されるべき周波数が許容されないレベルまで低下したのです。

本州と結ぶ**連系線**の容量は事故当時60万kWしかなく、北海道は電力系統的には"独立国"のようなものだったことも構造的要因として指摘されています。逆に言えば、独立系統である沖縄を除く他のエリアではブラックアウトはまずありえないと考えられています。

4-18 ブラックアウト

普通の停電とブラックアウトの違い

通常の停電復旧

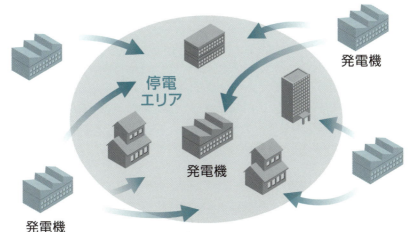

- 外部からの電気で発電機が起動できる。
- 外部から系統を支えてもらい安定的に復旧。

ブラックスタートからの復旧

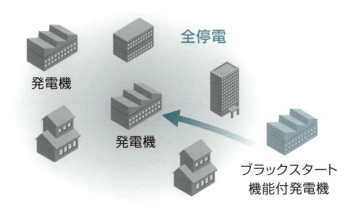

- ブラックスタート機能が付いた一部の発電機から、少しずつ周囲の発電機を起動させる。
- 系統が極めて小さく、少しの動揺で系統が大きく変動し不安定。

出典：電力広域的運営推進機関資料

電気はトラックで運べないから

　過疎化が進む地方での生活インフラの維持が大きな課題になっています。先行して問題が顕在化しているのが、ガソリンスタンドです。自動車の燃費性能の向上や若者の自動車離れといった要因で、国内のガソリン販売量は減少の一途を辿っています。それに合わせてガソリンスタンドの数も減ってきています。経済産業省はスタンドの数が3カ所以下の自治体を「SS（サービスステーション）過疎地」と定義づけていますが、その数は2016年度末時点で302市町村にものぼります。

　人口減少により営業効率が落ちることで、路線バスやLPガス、郵便、宅配便など他の生活インフラの維持も多くの地域で困難になっていると言われます。そのため、別々の事業者が営んでいるこれらインフラサービスを地域ごとに集約して事業性を高めることなどが検討されています。例えば、高齢化が進む自治体で病院の周辺にインフラ拠点をまとめて整備すれば、利用者の利便性が高まることが期待できます。

　こうした動きと電力インフラは直接的には関係しそうにありません。電線を通って送られる電気は、他の商材と一緒にトラックに載せて運ぶことで輸送コストを削減するなどといった工夫はできないからです。

　とはいえ、電気事業が地域の生活インフラ維持に何も貢献できないわけではないはずです。輸送コストの点から言えば、全国のどこから電気を買っても託送料金は変わらないことが電気の特徴です。そのことはバイオマスや中小水力など地域に存在する再生可能エネルギーで発電した電気を全国の需要家に販売することのハードルは高くないということです。大都市圏への交通網が脆弱な地域であれば通常の産品の価格競争力に影響があるわけですが、電気の場合は関係ないわけです。

　売電収入は、他のインフラ事業の赤字の穴埋めに役立てられるでしょう。物理的な電気の地産地消は送電ネットワークのスリム化につながりますが、経済取引としてはより高い価格で電気を買ってくれる需要家が遠く離れた場所にいれば、必ずしも「地消」にこだわる必要はないわけです。

第5章

再生可能エネルギー

　発電時にCO_2を排出しない国産エネルギーである再生可能エネルギー。地球温暖化抑制のためにもはや欠かせない電源です。太陽光や風力の発電コストは世界的に大きく低減してきており、その存在感は高まる一方です。日本でも東日本大震災以来、導入量は大きく伸びており、政府は2018年に「主力電源化」するとの方針を打ち出しました。需要家の側からも再エネの電気を求める声は強まっています。従来の電力システムでは端役に過ぎませんでしたが、今後主役に躍り出ることは間違いありません。

5-1
再生可能エネルギーとは

資源が枯渇せず、発電時にCO_2を排出することもない再生可能エネルギー。大型電源中心の従来の電力システムではマイナーな存在でしたが、世界的にコスト低減が進み、日本でも存在感は高まっています。

▶▶ 導入拡大は至上命題

再生可能エネルギーとは文字通り、電気を作る元となる1次エネルギーが枯渇せず何度でも使えるものを指します。一度燃やせばなくなる石炭や天然ガスなどの化石燃料との対比でそう呼ばれます。自然エネルギーという用語もよく使われます。必ずしも厳密な定義があるわけではありませんが、例えば建設資材廃棄物など人間の手が加わった燃料は再エネには含まれますが、自然エネとは言いづらいかもしれません。

再エネの大きな特長は、発電時にCO_2を排出しないことです。燃料を海外から調達する一部のバイオマスを除いて、純粋な国産エネルギーでもあります。そのため、特に**福島第一原発**の事故により**原子力**への逆風が強まってからは、**地球温暖化**対策とエネルギー安全保障向上の両方の観点から導入量の拡大が期待されています。

高い発電コストが最大の課題でしたが、再エネの代名詞と言える**太陽光発電**や**風力発電**は世界的に価格が大きく下落しています。そのため、多くの国で導入量は拡大しており、ドイツ、スペイン、イタリアなどでは全発電量の3分の1強を再エネが占めるまでになっています。日本はこうした世界の潮流に遅れをとっていますが、電気の脱炭素化に向けて再エネの導入拡大は至上命題と言えます。

なお、再エネと一口に言っても、その種類は多種多様です。自然環境によって制約を受けるので、商業ベースに乗る電源種は地域によって異なります。例えば、集光ミラーによって集めた太陽熱で作った蒸気でタービンを回す太陽熱発電は中東など低緯度で日照時間の長い地域を中心に導入が進んでいますが、日本には残念ながら適していません。

一方、火山国である日本は**地熱発電**について高い開発ポテンシャルを持ちます。また、四方を海に囲まれているとの地の利を生かし、海洋エネルギーを利用した発電の研究開発も活発に行われています。

5-1 再生可能エネルギーとは

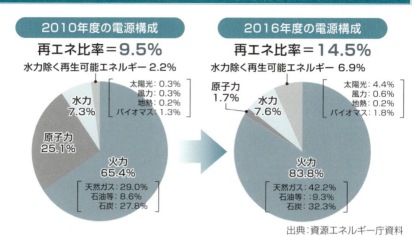

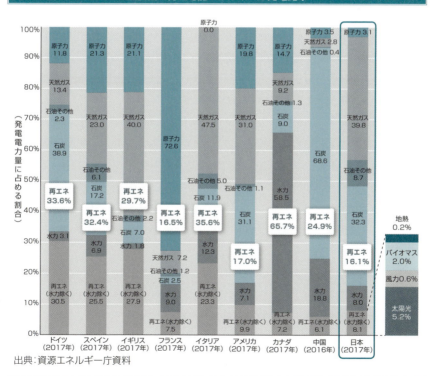

出典：資源エネルギー庁資料

5-2
固定価格買取制度（FIT）

決められた価格で電力会社が再生可能エネルギーの電気を買い取るFIT（固定価格買取）制度。2012年7月に導入され、太陽光を中心に導入拡大の起爆剤になっています。買取費用は全需家が広く薄く負担しています。

▶▶ 太陽光、風力など5種類が対象

再生可能エネルギーの導入が進まなかった最大の要因は、高い発電コストでした。そこで考案されたのがFIT制度です。発電コストの割高分を政策的に手当てすることで再エネの導入拡大を促し、規模の経済を働かせてコストの低減につなげる仕組みです。日本のFIT制度は、ドイツやスペインなど海外の先行事例も参考にして、2012年7月に導入されました。買取対象となる電源種は、太陽光、風力、バイオマス、地熱、中小水力の5種類です。

FITの利用を希望する再エネ発電事業者は、発電設備を設置する土地の確保などの準備を行なった上で、設備の認定を申請します。申請内容に問題がなければFIT設備として認められ、発電した電気を制度に基づく価格で全て買い取ってもらう権利を得ます。現在の買取主体は原則的に、各エリアの一般送配電事業者です。買取期間は住宅用太陽光と地熱を除いて20年間です。

買取単価は原則的に、必要なコストに適正利潤を上乗せして決定されます。電源種や電源の規模などにより細かく区分されています。経済産業省の**調達価格等算定委員会**で議論し、省令で毎年定められます。同委員会の委員は国会の同意人事です。

買取に要する費用は小売事業者と需要家が分担して負担します。小売事業者の負担分は**回避可能費用**と呼ばれます。小売事業者が再エネを買い取ることで浮いた火力発電の燃料費等で、**日本卸電力取引所**（JEPX）の取引価格に基づいて決まります。

一方、需要家の負担分は**再生可能エネルギー発電促進賦課金**という費目で電気料金に上乗せされています。使用した電力量に応じて全ての需要家が支払っていますが、電力多消費産業の大口需要家は負担軽減措置がとられています。これに対しては、需要家間の公平性の観点から根強い批判があります。軽減分の穴埋めにはエネルギー特別会計を活用した税金が投入されています。

5-2 固定価格買取制度（FIT）

制度の仕組み

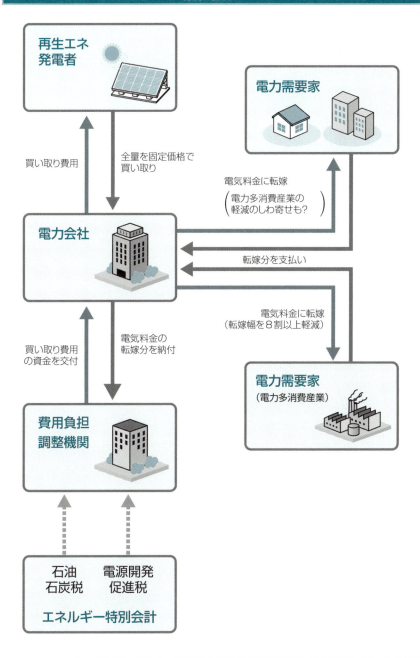

5-3
FIT制度の見直し

FIT制度により、再生可能エネルギーの導入量は飛躍的に拡大しました。一方で、国民負担の急激な増大など、運用上の課題も明らかになっています。そのため、2017年度に仕組みが大きく見直されました。

▶▶ 入札制度を導入

FIT制度により再エネの導入量は大きく増えています。認定設備の発電容量は19年度末時点で約9,528万kW。稼働済みの設備はそのうちの約50%ですが、発電量に占める再エネの比率は10年度の10%から17年には16%と上がりました。とはいえ、政府が定めた2030年の電源構成の比率目標22〜24%の達成への道のりはまだ長いです。しかも、その比率をただ実現すれば良いわけではありません。目標達成に要する費用を最大限抑制することが、大きな政策課題になっています。

国民が負担する**再生可能エネルギー発電促進賦課金**の額は年々増えており、17年度の総額は2.2兆円になりました。これを30年度の目標達成時点で3.1億円に抑制するのが政府の目標です。再エネ比率を10%から15%まで5ポイント上げるのに1.8兆円の賦課金を要したのに対し、さらに9ポイント上げる分は1.3兆円に抑制しようというわけです。

こうした問題意識の高まりもあり、FIT制度は2017年度に大きく見直されました。その中でコスト削減策の目玉として導入されたのが入札制度です。発電コストが安価な案件から優先的に認定するための措置で、2,000kW以上の事業用太陽光が対象になりました。これにより再エネ発電事業者間に競争原理が働く状況を生み出しました。入札制度の対象はその後、拡大されています。**バイオマス発電**の一部も18年度から入札制に移行しました。太陽光の対象範囲は20年度から250kW以上に拡大されました。**風力発電**も順次、入札制の対象に加える方向です。

制度見直しでは他に、高い買取価格で設備認定を得て太陽光パネルの価格低下を待つという悪徳業者を排除するため、運開の見通しが立たない設備の認定を取り消す措置も導入しました。他方、導入量がなかなか増えない地熱や中小水力に対しては、テコ入れ策として、事業者の予見性を高めるため買取価格を数年先まで決めることにしました。

5-3 FIT制度の見直し

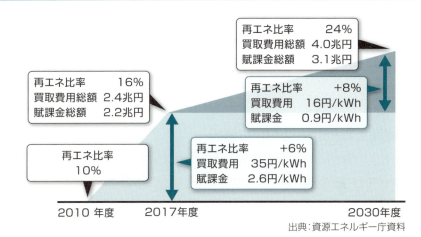

電源構成の比率目標と国民負担の関係

出典：資源エネルギー庁資料

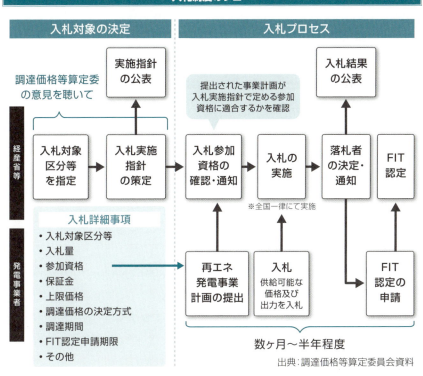

入札制度のフロー

出典：調達価格等算定委員会資料

5-4
FIP、地域活用電源

日本は再生可能エネルギーを「主力電源」にするとの方針を2018年に新たに掲げました。その実現を目的としたFIT法改正による制度の抜本的見直しにより、FIT対象電源は大きく2つに区分されることになりました。

▶▶ 大規模太陽光などはFIPに移行

政府は2018年7月に閣議決定した第5次エネルギー基本計画で、再生可能エネルギーを主力電源化するとの方針を打ち出しました。主力電源の定義は必ずしも明確ではないですが、発電コストが市場において十分に競争力を持つことは必須だと言えるでしょう。固定価格買取制度（FIT）に依存している限りは、主力電源を名乗ることは許されません。

経済産業省はこうした問題意識に基づいて、FIT制度を抜本的に見直すことにしました。従来は原則的に一律に支援を受けてきたFIT対象電源は、電源の種類や規模に応じて**競争電源**と**地域活用電源**の2つに区分され、支援の在り方も変わります。

競争電源は、着実なコスト低減により近い将来に市場原理で選択される可能性が十分ある電源種で、大規模事業用太陽光や陸上風力などが該当する見込みです。これら電源はFITから新たに創設される**フィード・イン・プレミアム（FIP）**制度に移行します。

FIPがFITと最も異なる点は、一般送配電事業者の買取義務がなくなることです。そのため、発電事業者は売電先を自ら確保する必要がありますが、市場価格に一定額（プレミアム）を上乗せした売電価格は保証されます。これにより発電事業者の収益性に引き続き配慮する一方、コスト低減に向けた効率化努力も促せるわけです。プレミアムは、あらかじめ決められる「基準価格」と、一定期間の平均市場価格に基づく「参照価格」の差額として算出されます。

一方、地域活用電源は、十分なコスト低減には時間がかかるものの、地域の**レジリエンス**強化等の観点から導入拡大が望まれる電源種で、小規模事業用太陽光や小水力、小規模地熱などが該当する見込みです。一般送配電事業者の買取義務は残りますが、自家消費や地域消費することが認定の条件になります。市町村の防災計画等に非常時の供給力として位置付けられることも必要になります。

5-4 FIP、地域活用電源

FIP制度のイメージ

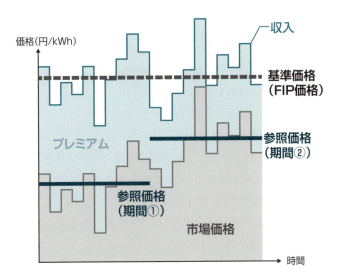

地域活用の一例

- 霧島国際ホテルの地熱発電（鹿児島県霧島市:出力100kW)は、温泉の余剰蒸気を活用した発電所であり、発電された電気はホテル内で**自家消費**されている。
- 温泉の熱水は、浴用だけでなく暖房等へ利用されている。

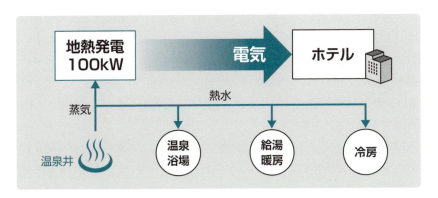

出典:資源エネルギー庁資料

5-5
事業用太陽光発電

FIT制度を利用した再生可能エネルギーの導入量の約8割が事業用太陽光発電です。そのため、FITによる支援を受けなくても市場の中で価格競争力のある電源になることを、他の電源種に先駆けて求められています。

▶▶ コスト低減余地は大きい

FIT制度が始まった後、自社施設の屋上等に**太陽光発電**設備を備える動きが、これまでエネルギーと無縁だった多くの企業等にも広がりました。

その結果、事業用太陽光の導入量は、2017年度末までで累計約3,350万kWに達しています。FIT制度導入後に爆発的に増えており、再エネ導入量全体の8割程度を占めています。住宅用設備を含めれば、太陽光の比率は9割以上です。制度初年度の12年度の買取価格を40円/kWhと非常に高い水準に設定したことが、一種のバブル状態を生み出す要因になりました。

導入量の増加に伴い発電コストは確実に下がってきましたが、それでもまだ海外の平均値と比べて2倍以上も高い水準にあります。欧州でのシステム費用が2017年に10.7万円/kWまで下がっているのに対し、日本は27.7万円/kWです。地理的条件などが異なるので単純に比較はできませんが、価格が下がる余地はまだまだ大きいのです。

経済産業省は発電コストを17年度実績の17.7円/kWhから、30年に7円/kWhとする目標を掲げています。この目標の達成に向けて、買取価格は毎年度下げられています。20年度には、発電事業者間に競争を促す入札制度の対象がそれまでの500kW以上から、250kW以上の設備に広がりました。買取価格は50kW以上250kW未満の設備が12円/kWh、10kW以上50kW未満の設備が13円/kWhまで下がっています。

FIT制度により売電するよりも、自家消費量を増やして系統からの購入量を減らす方に経済合理性が生まれています。そのため、自家消費を前提として需要家施設の屋根等に太陽光発電設備を設置して施設内に発電した電気を供給する「**PPA**(Power Purchase Agreement) モデル」も一般的になってきており、大手電力や新電力が相次いでサービスを開始しています。

5-5 事業用太陽光発電

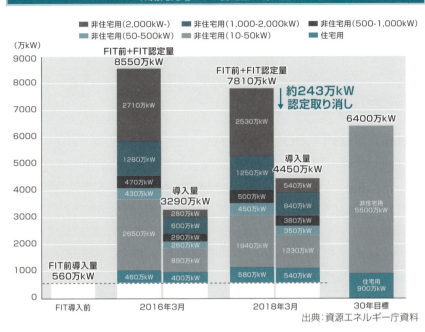

太陽光発電のFIT認定量・導入量

出典：資源エネルギー庁資料

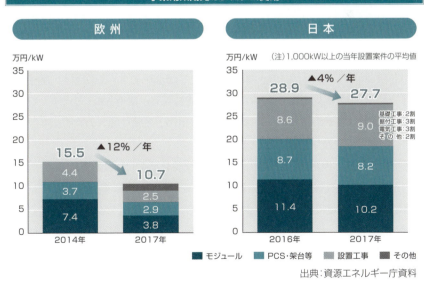

事業用太陽光のシステム費用

出典：資源エネルギー庁資料

5-6
住宅用太陽光発電

一足早くFIT制度が導入された住宅用太陽光発電。導入量の拡大により機器コストは着実に下がっており、家庭向け電気料金の水準にほぼ並ぶ状況になってきています。災害時の非常用電源としても機能を発揮しています。

▶▶ 累計導入量は約1,000万kWに

住宅用太陽光は一般的に、発電容量が10kW未満の設備を指します。住宅用を含む500kW未満の太陽光発電は他の**再生可能エネルギー**より一足早く、2009年からFIT制度が導入されました。買取期間は10年で、買取対象は発電量全量ではなく**自家消費**できずに余った余剰電力のみである点が、他の電源種と異なります。

買取価格は、最初の2年度は48円／kWhという高い水準に設定されました。これにより導入量の拡大に弾みがつき、買取制度導入後に稼働を開始した設備量は約540万kW（約117万9,000件）になります。それ以前から稼働していた設備も合わせた累計の導入量は18年3月末時点で1,000万kW以上に達しています。個々の設備の発電容量は小さいですが、まとまれば相当な規模になります。なお、買取価格は導入量の拡大に伴い11年度42円/kWh、15年33円/kWh、20年度21円/kWhと段階的に下がっています。

こうしてFITに頼らなくても導入が進む「自立化」が視野に入ってきました。経済産業省が現在設定している売電価格の目標は、25〜27年頃に卸市場でも十分に競争力を持つ11円/kWhという水準を目指すというものです。この目標が達成されれば、住宅への**太陽光発電**の設置がより一般的になると期待されています。ですが実は、足元では設備の導入ペースは鈍化しています。既築住宅への設置がなかなか進まないなどの課題が指摘されています。

住宅用太陽光は停電時に自立運転を行なう機能を基本的に備えており、自然災害等で**系統電力**が途絶えた際の非常用電源としても活用できます。例えば、2018年9月に起きた北海道の**ブラックアウト**の際にも、太陽光発電を設置した家庭では日中は電気を使うことができました。また、19年11月からは買取期間が終了した設備（**卒FIT太陽光**）も出始めており、小規模ながら貴重な非化石電源として多くの小売事業者が買い取りに乗り出しています。

5-6 住宅用太陽光発電

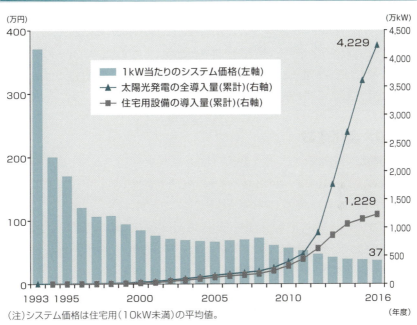

住宅用太陽光発電の導入量とシステム価格の推移

- 1kW当たりのシステム価格(左軸)
- 太陽光発電の全導入量(累計)(右軸)
- 住宅用設備の導入量(累計)(右軸)

(注)システム価格は住宅用(10kW未満)の平均値。

出典:エネルギー白書2018

住宅用太陽光のコスト目標とFIT買取価格

2017年設置案件(新築)

- 中央値　システム費用　35.0万円/kW
- 上位25%水準　システム費用　30.6万円/kW

2019年

- 目標　システム費用　30万円/kW

電源【調達期間】	2012年度	2013年度	2014年度	2015年度	2016年度	2017年度	2018年度	2019年度	2020年度	25〜27年頃
住宅用太陽光(10kW未満)【10年】	42円	38円	37円	33円 35円※	31円 33円※	28円 30円※	26円 28円※	24円 26円※	21円	市場価格

※出力制御対応機器設置義務あり

出典:資源エネルギー庁資料

5-7
風力発電

　風の力で電気を作る風力発電。太陽光発電とともに再生可能エネルギーの中で先行してFIT制度から脱却することが期待されています。とはいえ、発電コストは海外に比べてまだまだ高く、一層の低減が求められます。

▶▶ 設備の大型化進む

　風力発電の原理は単純で、風を受けて回った風車の運動エネルギーが発電機に伝わって電気が作られます。風のエネルギーの40%が電気エネルギーに変換でき、風の強さが2倍になると風力エネルギーは8倍になります。

　累計の設備導入量は2017年度末で約356万kW。2000年時点ではわずか14万kWでしたが、その後伸び続けてきました。**FIT**制度開始後の導入量はそのうち約96万kWですが、まだ発電を開始していない認定設備を含めれば発電容量は900万kWを超えています。経済産業省が定めた2030年の電源構成では、風力発電の導入量は1,000万kWとする計画で、その目標達成は十分に視野に入っていると言えます。立地地点によって陸上と洋上に分けられますが、日本で稼働中の設備はまだほとんど全てが陸上です。

　設備の大型化は進んでおり、陸上では3,000kW級が実用化されていますが、周辺環境への配慮などからこれ以上の大容量化は困難とも言われています。平地が少ないなど改善のしようがない地理的条件もコスト増要因になっています。そのため、陸上風力の発電コストは17年実績で15.8円/kWhほどで、海外に比べて約2倍という高水準にあります。

　経産省は30年に8〜9円/kWh程度まで下げることを目標にしています。その達成のため、事業用**太陽光発電**などで導入している入札制度の対象とすることも検討されています。コスト低減に直結する設備利用率の向上に向けて、部品寿命やメンテナンス時期を予測する技術開発なども課題です。また、10円/kWh未満というコスト水準を実現している事業者も国内にすでに存在することから、こうした優良事例の水平展開も促しています。低コストのプロジェクトでは具体的に、発電設備の建設工事に当たって発注先を細かく分けたり、設備利用率の向上のため現地にスタッフを常駐させたりするなどの対策が講じられているそうです。

5-7 風力発電

日本における風力発電導入の推移

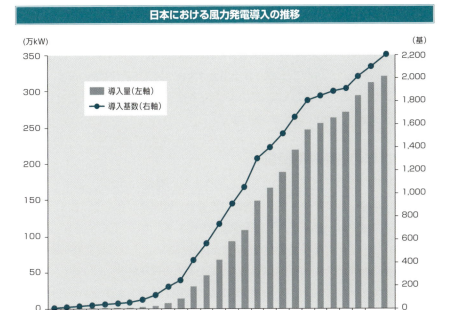

出典：エネルギー白書2018

陸上風力発電のシステム費用

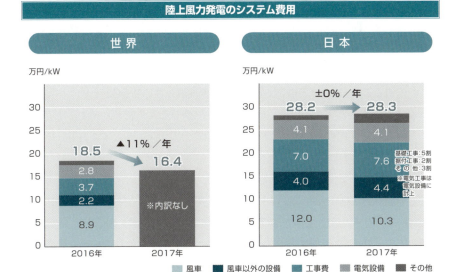

出典：資源エネルギー庁資料

5-8
洋上風力発電

四方を海に囲まれた日本にとって、洋上風力は大きな開発可能性があります。イギリスなど他の島国と比べて導入は遅れていますが、制度面が整備されてきたことで、本格的な商用化段階にいよいよ入りつつあります。

▶▶ 国が30年の占用期間保証

再生可能エネルギーの今後の主役として**洋上風力発電**への期待が高まっています。世界一の導入国であるイギリスをはじめ海外では開発が進んでいます。四方を海に囲まれた日本にとっても、洋上風力は純国産エネルギーとして大きな可能性を秘めています。陸上ほど周辺環境に配慮する必要がないことから設備の一層の大型化が可能で、開発ポテンシャルは16億kWもあるとの試算結果もあります。

洋上風力には「着床式」と「浮体式」の2種類があります。水深50m程度までの浅い地点では、機器を海底に直接設置する着床式が一般的です。さらに深い地点では機器全体を海に浮かべる浮体式が選択されます。

開発が海外から後れていた理由として、長期安定的な発電事業の実施を阻害する制度面の問題がありました。特に大きかったのが、風車を据え置く海域の占有権の問題です。風力発電事業は20年以上の長期にわたるのに対し、大きな開発可能性がある一般海域における都道府県の占有許可の期間は概ね3～5年しかなく、発電事業者が事業実施を躊躇する要因になっていました。

これに対して、一般海域では、設備設置の工事期間も含めて30年という占用期間が保証された促進地域を国が指定し、FIT制度に基づく入札制を実施する仕組みが2019年度に導入されました。港湾部での長期間の占用を可能にする占用公募制度も16年に創設されました。

こうした制度の整備を受けて、商用化の動きが具体化しています。丸紅を中心とする企業連合は20年2月、国内初の大型洋上風力プロジェクトの実施を決定しました。秋田港と能代港に合計約14万kWの着床式設備を整備する計画で、運転開始は22年の予定です。一般海域での入札制における第1号案件も長崎県五島列島沖に決まりました。浮体式設備を採用し、発電規模は2万kW程度になります。20年度末までには実施主体が選定される見通しです。

5-8 洋上風力発電

世界の洋上風力発電の導入実績（2017年）

国	洋上風力発電（MW）
イギリス	6,836
ドイツ	5,355
中国	2,788
デンマーク	1,271
オランダ	1,118
ベルギー	877
スウェーデン	202
日本	20

出典：国土交通省資料

洋上風力発電の導入状況及び計画

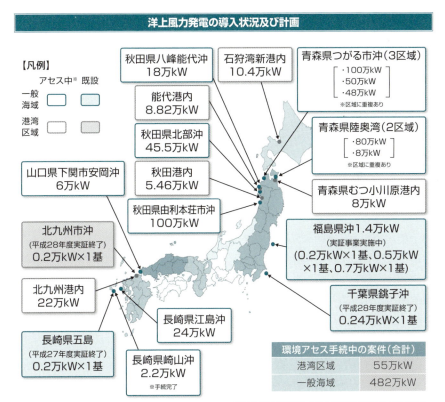

【凡例】
アセス中※　既設
一般海域
港湾区域

秋田県八峰能代沖 18万kW
石狩湾新港内 10.4万kW
青森県つがる市沖（3区域）
・100万kW
・50万kW
・48万kW
※区域に重複あり

能代港内 8.82万kW
秋田県北部沖 45.5万kW
青森県陸奥湾（2区域）
・80万kW
・8万kW
※区域に重複あり

秋田港内 5.46万kW
青森県むつ小川原港内 8万kW

山口県下関市安岡沖 6万kW
秋田県由利本荘市沖 100万kW
福島県沖 1.4万kW
（実証事業実施中）
（0.2万kW×1基、0.5万kW×1基、0.7万kW×1基）

北九州市沖
（平成28年度実証終了）
0.2万kW×1基

北九州港内 22万kW

千葉県銚子沖
（平成28年度実証終了）
0.24万kW×1基

長崎県五島
（平成27年度実証終了）
0.2万kW×1基

長崎県江島沖 24万kW

長崎県崎山沖 2.2万kW
※手続完了

環境アセス手続中の案件（合計）
港湾区域	55万kW
一般海域	482万kW

※環境アセス手続中は2018年11月末時点
※一部環境アセス手続きが完了した計画を含む
出典：経済産業省資料

※他に港湾区域において港湾管理者が事業者を決定したものあり（22万kW）
※一般海域は一部区域が重複しているものあり

第5章　再生可能エネルギー

5-9
地熱発電

日本は世界の3大地熱資源国の一つであり、地熱発電の開発ポテンシャルは非常に高いです。ただ、初期投資のリスクが大きいことなどで、開発は期待するほど進んでおらず、導入量はまだまだ多くありません。

▶▶ ベースロード電源として期待

地熱とは地球の内部に蓄積している熱エネルギーのことです。地熱資源の量は、活火山の数と相関関係にあります。火山がない国には**地熱発電**の可能性はないのです。世界の3大地熱資源国と呼ばれるのが、米国、インドネシア、そして日本です。

石油や天然ガスといった化石資源をほとんど持たない日本ですが、実は地熱については世界有数の資源国なのです。産業技術総合研究所などの調査結果によると、日本の地熱資源量は約2万MWeにのぼります。

地熱発電に対する期待は小さくありません。同じ**再生可能エネルギー**でも**太陽光発電**や風力発電と違って、天候等による出力の変動はなく、24時間365日安定した発電が可能という利点もあります。そのため、中長期的には中規模の**ベースロード電源**としての活用が期待されています。

にもかかわらず、国内の設備容量はまだ、わずか59万kW程度です。ほとんどの設備を保有しているのは、九州電力と東北電力の2社です。**FIT**制度が始まった時点の導入量が52万kWですから、FIT導入の効果は今のところ極めて限定的だと言わざるを得ません。1,500kW以上は26円/kWh、1,500kW未満は40円/kWhという新設案件の買取価格は、制度導入以来据え置かれたままです。地表や掘削の調査段階にあるプロジェクトは複数ありますが、2030年度の電源構成比率に基づく導入量目標は140万〜155万kWで、達成が危ぶまれています。

開発がなかなか進まない要因として、商業化可能な熱源を掘り当てるための試掘に高額の費用がかかるなど、他の再エネに比べて初期投資が高額になることが挙げられます。FIT制度では、買取価格を決める際の適正利潤の水準を全ての電源種の中で最も高い13%に設定していますが、焼け石に水だったようです。導入拡大のためには、試掘などの初期投資に対してより直接的な補助を行なうべきとの声もあります。

5-9 地熱発電

主要国における地熱資源量及び地熱発電設備容量

国名	地熱資源量（万kW）	地熱発電設備容量（万kW）2016年末時点
米国	3,000	360
インドネシア	2,779	195
日本	2,347	54
ケニア	700	68
フィリピン	600	193
メキシコ	600	91
アイスランド	580	67
ニュージーランド	365	97
イタリア	327	92
ペルー	300	0

出典：エネルギー白書2018

地熱発電開発の進捗状況

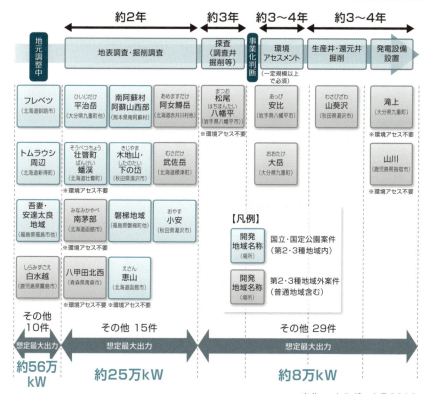

出典：エネルギー白書2018

5-10
バイオマス発電

生物に由来するエネルギーであるバイオマス。十分に活用されないまま眠っている資源が全国には多くあります。それらをうまく利用することで、農村部における新たな循環型社会の実現も期待されています。

▶▶ 種類は多種多様

バイオマスは生物に由来する有機性のエネルギー資源のことです。もともと動植物の一部ですから資源は再生可能で、燃やしても地球上のCO_2の量を増やしません。累積導入量は約420万kWで、そのうち**FIT**制度開始後が約189万kWです。種類は多様で、木材、穀物、動物の糞尿、生ゴミなどすべてバイオマスです。

ただ、こうした燃料種の多さは、太陽光や風力と比べてFITの仕組みを複雑にしています。買取価格は燃料種や発電容量によって細かく分かれているからです。2020年度の買取価格で最も低いのは建設機材廃棄物の13円/kWh、最も高いのは間伐材由来の木質バイオマス（2,000kW未満）の40円/kWhです。なお、導入量の大半を占める一般木材バイオマス（1万kW以上）とバイオマス液体燃料は18年度から入札制に移行しています。**石炭火力**のCO_2排出量低減のため、燃料の一部をバイオマスにする混焼の取り組みも行われていますが、FITの対象からは外れることになりました。

太陽光や風力のように自然条件によって不規則に出力変動するという弱点はない一方、中長期的な供給安定性の確保が、各燃料共通の課題と言えます。つまり、燃料となるバイオマス資源を一定の規模、コンスタントに集め続けることは必ずしも容易ではないのです。安定供給確保のため、海外から燃料を輸入するプロジェクトも多いですが、石油系燃料を燃やして走る船に積まれて運ばれてくるバイオマス資源が本当に環境性に優れているかは議論があります。

バイオマスも本来は地産地消のエネルギーであるべきでしょう。実際、バイオマス資源の利用は、農業政策や地域経済活性化の観点からも注目されています。燃料を燃やす際に生まれる熱エネルギーも含め、農村部などの貴重なエネルギー源となることが期待されています。農林水産省は全国84市町村をバイオマス産業都市として選定し、バイオマス産業の育成を後押ししています。

5-10 バイオマス発電

バイオマス関連施策の推進体制

バイオマス活用推進基本法（平成21年6月12日法律第52号）に基づいて、関係する7府省（内閣府、総務省、文部科学省、農林水産省、経済産業省、国土交通省、環境省）の政務で構成される「バイオマス活用推進会議」が設置され、連携してバイオマスの活用に資する施策を推進。

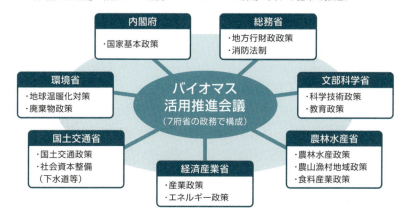

出典：農林水産省資料

FITによるバイオマス発電導入量の推移

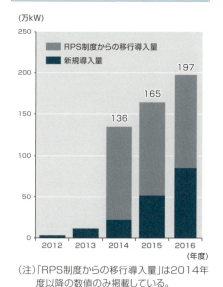

（注）「RPS制度からの移行導入量」は2014年度以降の数値のみ掲載している。

出典：エネルギー白書2018

バイオマス産業の市場規模

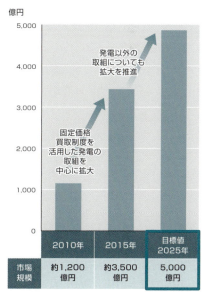

出典：農林水産省資料

5-11
中小水力発電

経済性の観点から従来はほとんど無視された存在だった中小水力発電ですが、地球温暖化やエネルギー地産地消への関心が高まる中で、注目度が増しています。自治体や企業が開発に乗り出しています。

▶▶ 3万kW未満がFIT対象

国内の水力発電は、ある程度の規模が見込める地点は高度経済成長の時代に開発し尽くされてしまいました。FIT制度は、経済性の観点でこれまでは開発が進んでいなかった中小規模の発電量が見込める地点の開発を促進すべく、3万kW未満の中小設備を対象にしています。環境省はこれにより、全国の中小水力発電の開発ポテンシャルは最大430万kW程度になると試算しています。

FIT制度に基づく導入量は2019年9月末時点で約50万kW。そのうちの8割以上をFIT制度以前に開発された設備の更新分が占めます。一般的に規模が小さくなるほど経済合理性は失われるため、買取価格は発電容量によって細かく分かれています。21年度までの価格が決定済みで、5,000kW以上3万kW未満が20円、1,000kW以上5,000kW未満が27円、200kW以上1,000kW未満が29円、200kW未満が34円です。

過疎化や高齢化に悩む全国の農山村の多くは農商工連携によって地域経済の活性化を模索していますが、地産地消のエネルギーで、地域内でお金が循環することが可能な中小水力は、太陽光やバイオマスなどとともに地域の貴重な資源として再評価されています。地方自治体が中小水力の運営主体になるケースは少なくなく、1,000kW未満の設備に限定すれば4割程度が自治体によるものです。

先駆的な事例としてよく知られるのは、山梨県都留市です。同市は「元気くん」の名称で小水力発電機を設置。売電収入を得ているほか、市民の環境意識の啓発という役割も担っています。福島県では中小水力発電設備を観光の目玉にした取組みも行われています。一方、ビジネスとして中小水力発電に関心を寄せる動きもあります。大手商社の丸紅は山梨県など全国で開発に積極的に取り組んでいます。清水建設は富山県を中心に10数カ所で開発を進め、30年までに合計発電能力1万kWの達成を目指しています。

5-11 中小水力発電

2050年までの水力発電の導入見込み量

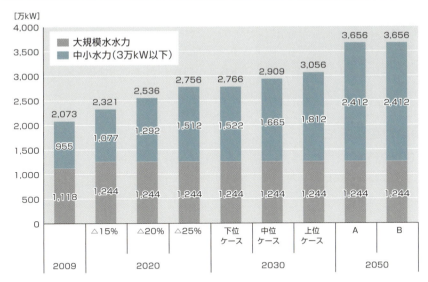

注: 2020年 中小水力発電に対する固定価格買取制度の導入を前提に買取価格を複数設定し、その買取価格で20年間のIRR8％が確保される範囲で導入が進むと想定。
2030年 2020年の各ケースと、2050年の目標に到達するために必要と見込まれる導入量を踏まえつつ、3ケースを推計。
2050年 「再生可能エネルギー導入ポテンシャル調査」(2009,環境省)によると、中小水力発電の導入 ポテンシャルは80～1,500万kW。80％削減を目指すため、3万kW以下の中小水力発電の導入ポテンシャル(1,500万kW)を全て顕在化させた場合を想定。

出典：NEDO再生可能エネルギー技術白書第2版

中小水力の将来像とそれに向けた対応

課題	現時点から行うべき対応
開発リスク・開発コストが高い中、新規地点の開拓をどのように進めていくか。	・流量等の立地調査や地元理解の促進等について支援を実施し、開発リスクを低減し、地域密着での事業実施を促進
需要地から離れた適地(高い系統接続費用)での系統接続をどのように行っていくか	・系統制約の克服
コスト低下に向けた道筋をどのように明確化していくか	・設備更新時期の水力発電への最新設備導入による高効率化 ・既設導水路を活用した再投資(リプレース)など緩やかにFITからの自立化
既存ダムが担う治水機能との調和をどのように図っていくか	・地元の治水目的などと合わせて地域密着で事業実施

出典：資源エネルギー庁資料

5-12
海洋エネルギー

現在はFIT制度の対象ではないですが、技術開発により今後商用化に至る可能性のある再生可能エネルギーもあります。海洋国家の日本では、海洋温度差発電、潮流発電、海流発電、波力発電などの海洋エネルギーが有望です。

▶▶ 海の力を電気に

FIT制度の買取対象に含まれている5つの発電種以外にも、将来の商用化を目指して研究開発段階にある再エネは多くあります。技術的課題が克服されることで、商用化の見込みが立つことが期待されています。その場合はFITの買取対象に含まれるかもしれません。

海洋温度差発電は、海洋の温度差を利用して電気を作ります。沸点が非常に低いアンモニアなどを媒体として利用します。表層の比較的暖かい海水で媒体を蒸気にし、タービンを回して発電します。アンモニアなどの媒体は深層の冷たい海水を利用して液体に戻り、再利用されます。日本の海岸から30km以内での開発ポテンシャルは約600万kWと推計されており、沖縄県で実証試験が行われています。

潮流発電は、潮の満ち引きによって生まれる海水の流れを利用して発電する方法です。潮流の方向は周期的に変わるものの、流れの速度はほぼ一定であるため、太陽光や風力と異なり安定した出力が期待できる点が特長です。九州電力を中心としたグループが2016年から長崎県五島列島沖での実証事業に着手しており、潮流発電で実績のあるイギリス企業の協力を受けて、発電規模500kWの機器の実証実験を進めています。また、日本郵船はシンガポールでの実証試験に参画しています。

海流発電は、海中の水の流れを利用して電気を作る方法です。新エネルギー・産業技術総合開発機構（NEDO）とIHIは鹿児島県で17年の夏に、100kW規模の発電システムの実証試験を実施しました。その結果、最大30kWの発電出力を確認できました。IHIは同試験で使用した水中浮遊式の海流発電システムの実用化を目指しています。

波力発電は、波の力を利用して電気を起こす仕組みです。海の表面で波は絶え間なく起きています。この波の上下に動く力を利用して電気を起こします。神戸市沖で行われた実証試験で、実用化に向けて一定の成果が出ています。

5-12 海洋エネルギー

日本の地の利を生かした再エネ

海洋温度差発電の仕組み

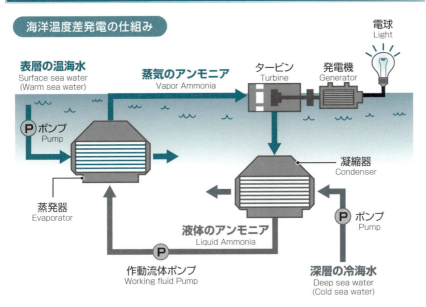

出典：海洋温度差発電推進機構HPより

海流発電の仕組み

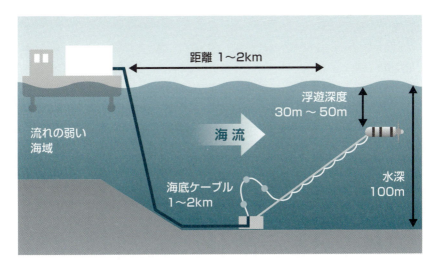

出典：NEDOプレスリリースより

135

太陽光と「貧乏父さん」の不幸な関係

　10年間で国民の所得を2倍にすると宣言した「所得倍増計画」を池田勇人内閣が掲げたのが1960年。その宣言通りに日本経済は成長を遂げました。国民を挙げてそのことを祝うように1970年に開催されたのが大阪万博でした。

　昨日より明日が豊かになると皆が素朴に信じられた時代。そんな前向きな雰囲気の中で、万博会場のエネルギー源として使われたのが同年に商業運転を開始した関西電力・美浜原子力発電所の電気でした。「人類の進歩と調和」をテーマにした万博で、原発は明るい未来のエネルギーとして受け入れられました。

　21世紀の新たな電力システムの中で新たに主力電源になろうとする太陽光発電に対して、このような高揚感はありません。価値観が多様化し、国民的ヒット曲ももはや生まれない今の日本で、国民全体を明るく照らすエネルギーなどありえないのです。さらに踏み込めば、高度経済成長の帰結が一億総中流の社会であり、それを象徴するエネルギーが大型発電所の"王様"である原子力だったとするならば、太陽光は格差の拡大が進み、社会に閉塞感が漂う今の時代を象徴するエネルギーだと言えるかもしれません。

　太陽光発電が本質的に不平等性の上に成り立っていることは否定できません。住宅用設備を設置できるのは、ロバート・キヨサキ氏の言い回しを借用するならば、立派な戸建て住宅を保有するだけの経済力を有する「金持ち父さん」だけです。「金持ち父さん」は余剰電力を売電して不労所得を享受できますが、その原資は電気の消費者が平等に負担します。つまり、夢のマイホームなど一生持てない「貧乏父さん」も負担だけは強いられるわけです。FIT制度が逆進性を有しているといわれるゆえんです。

　太陽光発電に加えて、電気自動車やら蓄電池やらホームマネージメントシステムやらを備えつけて個人間取引（P2P）に興じるなど所詮は「金持ち父さん」の道楽だとするならば、「貧乏父さん」にとっては原発が計画経済的に作られていた9電力体制の時代の方が幸せだったかもしれません。

第**6**章

分散型システム

　大規模化により大消費地から離れた場所に立地地点が移っていった火力発電などの大型電源との対比で、需要場所に設置される比較的小規模な電源を分散型発電と呼びます。太陽光発電など再生可能エネルギーの他、コージェネレーションや燃料電池がその代表で、新たな電力システムの主要な構成要素として位置づけられています。蓄電池や電気自動車など発電以外のエネルギー機器などとも連携して運用することで、分散型システム全体として十分な経済性や供給安定性を確保できると期待されています。

6-1
コージェネレーション

電気と熱という2つのエネルギーを同時に供給するコージェネレーションシステム。発電時に生まれる排熱を有効活用するため、高いエネルギー効率が実現し、大型電源に対しても十分な競争力を持てます。

▶▶ 売電前提の設備も

　コージェネレーション (Co-Generation) とは直訳すれば、同時に2つのものを発生させるという意味です。「2つのもの」とはつまり、電気と熱のことです。

　火力発電では電気を作る過程で必然的に熱が生まれます。発生した熱は、都市部から離れた場所に立地する大型の発電所では捨ててしまいます。電気は送電線を通して遠隔地まで届けることが可能ですが、熱は運ぶ途中で冷めてしまうからです。熱とは物理的に地産地消するしかないエネルギーなのです。

　その点、需要地に設置されるコージェネは発電容量では大型電源には及ばないため電気エネルギーのみの効率性では劣後しますが、熱エネルギーも合わせた総合効率では経済的メリットが生まれます。

　日本でコージェネの導入が始まったのは、1980年代からです。電気だけでなく熱の需要も大きい化学や鉄鋼などの工場や病院などで採用されています。時々の燃料価格によって**系統電力**に対するコスト競争力が変わるため、新設容量にはばらつきがありますが、導入量はおおむね堅調に伸びています。2017年度末時点で累計1,060万kWに達しています（家庭用除く）。

　全体の6割弱に当たる約600万kWが燃料として天然ガスを使用しています。工場などでは環境性や経済性に優れた天然ガスに注目し、従来の石油ボイラーなどの機器を天然ガスコージェネに置き換える燃料転換の動きが活発に起きています。一方で、石油燃料のコージェネは減少傾向にあります。

　自家発電として導入が進んできたコージェネですが、系統を通した売電を前提にした設置も増えており、電力システムの中での存在感は高まっています。政府による長期のエネルギー需給見通しでは、コージェネによる発電電力量は30年を見据えて1,190億kWh程度まで拡大するとの目標が設定されています。これは国内の発電電力量の約1割を担う量です。

6-1 コージェネレーション

国内のコージェネレーション設備容量の推移

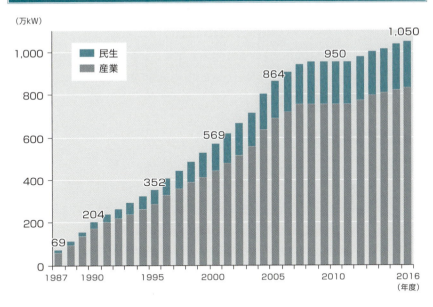

出典:エネルギー白書2018

コージェネレーションのイメージ

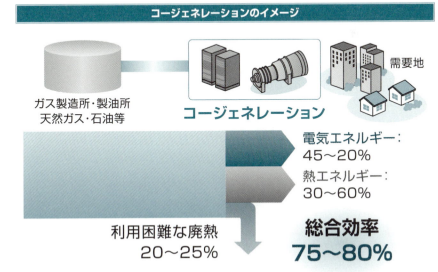

出典:資源エネルギー庁資料

6-2
燃料電池

水素と酸素を結合させて電気を作る燃料電池。燃料となる水素の製造の仕方にもよりますが、環境性の高いクリーンな発電方法です。電解質によっていくつかの種類に分かれ、適している用途も異なります。

▶▶ "廃棄物"は水だけ

水に電気を流すと**水素**と酸素に分かれます。化学式で書くと「$2H_2O$ ＋ 電気 → $2H_2$ ＋ O_2」です。この式をひっくり返すと「$2H_2$ ＋ O_2 → $2H_2O$ ＋ 電気」になります。これが**燃料電池**の原理です。水素と酸素の結合によって発電し、発生する"廃棄物"は水だけですから、とてもクリーンな発電方法と言えます。

もちろん、水素の製造方法によって、環境性の高さは変わってきます。都市ガスやLPガスに含まれる水素を取り出すという現在の一般的なやり方では、完全にCO_2フリーとはなりません。太陽光など**再生可能エネルギー**を活用した水の電気分解という製造方法であれば、正真正銘の「CO_2フリー水素」になります。

燃料電池は単電池とも呼ばれるたくさんのセルで構成されています。セルには燃料極と空気極があり、その間にある電解質が重要な役割を果たします。水素は燃料極で水素イオンと電子に分かれますが、電解質はそのうち水素イオンだけを通すのです。

この電解質の違いによって、燃料電池は「SOFC（固体酸化物型）」「PEFC（固体高分子型）」「PAFC（リン酸型）」「MCFC（溶解炭酸塩型）」などの種類に分かれます。運転温度や発電効率に差があり、向いている用途が異なります。日本で最初に商用化されたのはPAFCでしたが、コスト面が課題で普及は進みませんでした。

製品開発が現在、最も活発に行なわれているのはSOFCです。運転温度が750〜1,000度と非常に高く、発電効率に優れているのが特長で、工業用・業務用に向いています。2017年には京セラや三浦工業が、総合効率90%のコージェネ機器を発売しました。

運転温度が90度程度のPEFCは、発電効率は30〜40%程度とSOFCに比べて低い一方、排熱の回収効率が高いのが特長です。家庭用機器で採用されている他、車載用としても使われています。

6-2 燃料電池

燃料電池の原理

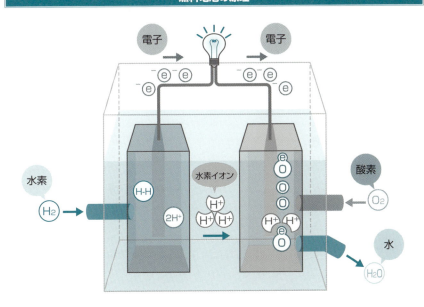

出典：新エネルギー財団ホームページ

燃料電池の種類

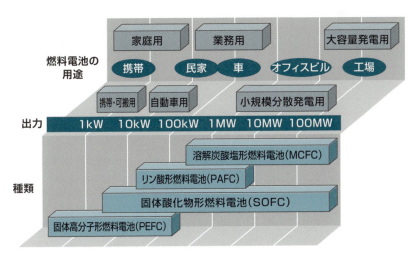

出典：水素・燃料電池実証プロジェクトHPより

6-3
エネファーム

エネファームは、家庭用燃料電池コージェネレーションシステムの愛称です。環境負荷が小さく防災性に優れた分散型エネルギー機器として導入が進んでいます。ガス会社が戦略商品として位置づけています。

▶▶ 余剰電力の売電も

家庭用の**燃料電池コージェネレーション**システム「**エネファーム**」は、世界に先駆けて日本で2009年に市場投入されました。住宅用**太陽光発電**などとともに、家庭の省エネや省CO_2に貢献する分散型エネルギー機器の一つです。燃料となる**水素**は都市ガスやLPガスから取り出します。そのため、エネファームの導入拡大に力を入れているのは、主にガス会社です。電力会社がオール電化住宅を売り込むのに対抗するガス会社の戦略商品として位置づけられています。

燃料電池の種類のうち、運転温度が約90度と低めで安全性が高いPEFC（固体高分子型）がもともと家庭用に最も向いているといわれており、09年に最初に市場投入されました。その後、PEFCよりも発電効率に優れるSOFC（固体酸化物型）のエネファームも11年に発売されました。

累計販売台数は2019年11月に30万台を突破しました。機器が大きかったため当初は新築の戸建て住宅にしか設置できませんでしたが、技術開発により小型化が進んだことで、マンションなどの集合住宅や既築住宅への設置も可能になっています。**東日本大震災**後には、エネファーム全戸設置を売りにした新築マンションも登場しています。

ただ、政府が掲げる導入目標は20年に140万台、30年に530万台という非常に高いものです。20年頃には政府の補助に頼らなくても導入が進む「自立化」が目指されています。市場投入以来、コスト低減は着実に進んでいますが、目標達成に少しでも近づくためには一層の価格低下が不可欠でしょう。

発電コスト低減につながる方策として、大阪ガスなど一部のガス会社は余剰電力の買取サービスを提供しています。エネファームは従来、住宅内の需要に合わせて出力調整していましたが、余った分の電気を逆潮流させて買い取ることで常に定格出力での運転が可能になり、効率性は向上します。

6-3 エネファーム

エネファームの累積導入台数の推移

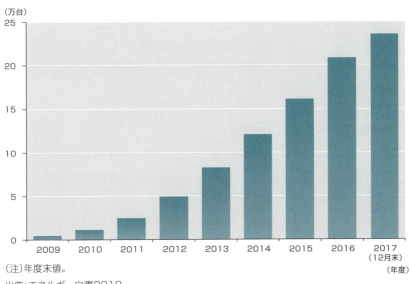

(注)年度末値。
出典:エネルギー白書2018

経済性、環境性向上の取り組み

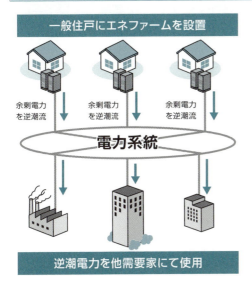

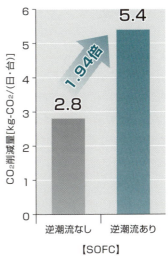

【SOFC】

出典:資源エネルギー庁資料

第6章 分散型システム

6-4
蓄電池

電気を一時的に貯めておく蓄電池。停電時の非常用電源としてさまざまな場所に設置されていますが、分散型エネルギー機器の存在感が高まる新たな電力システムでは、平時からの機動的な活用が想定されています。

▶▶ 新たな電力システムに不可欠

蓄電池の従来の一般的な用途は、停電などの非常時用や需要の平準化です。工場など産業用需要家がBCP（事業継続計画）や電力コスト低減のために設置していました。東日本大震災後には一般家庭が同様の目的で導入するケースも増えました。

分散型発電機器の普及が進む中で、今後はさらに多様な用途で平時から運用されることになるでしょう。例えば、FITの買取期間が終了した住宅用太陽光発電について、発電する昼間に住人が不在で需要がない場合、蓄電池に貯めておいて、発電を停止する夜間に使用するという選択肢もありえます。

ただ、需要家がこうした用途で蓄電池を設置することの経済合理性は、現在の価格水準ではまだ生まれません。分散型機器を用いた新たな電力システムに関するさまざまなアイデアが"絵に描いた餅"で終わらないためにも、蓄電池のコスト低減は強く求められています。家庭用は15年度の実績価格約22万円/kWhを20年度に9万円/kWh以下、産業用は同じく15年度の実績価格約36万円/kWを20年度に15万円/kW以下にするとの目標が設定されています。

蓄電池には鉛電池、リチウムイオン電池、NaS電池、レドックスフロー電池などの種類があり、それぞれ向き不向きの用途があります。需要家が設置する定置用蓄電池として最も向いているのは、大型化は困難な一方、エネルギー密度が高く長寿命が期待できるリチウムイオン電池です。電気自動車向けとしても優れています。なお、同じ用途でリチウムイオン電池を超える性能や安全性が期待できる全固体電池の開発も進んでいます。

一方、大型化が可能なNaS電池やレドックスフロー電池は、電力系統側に設置し、再エネの電気が余る際に貯める役割などを期待されています。九州電力は、福岡県内の変電所に大型のNaS電池を設置して太陽光の余剰電力を貯蔵する実証試験を行ない、再エネ出力抑制の回避手段としての有効性を確認しています。

6-4 蓄電池

定置用蓄電池の概要

家庭用蓄電池システム（～15kWh）

適用場所	一般家庭、事務所、小型店舗
用途	・再生可能エネルギー活用（自家消費） ・ピークシフト（深夜料金利用） ・非常用電源（停電時、災害時）
価値	充放電できる電気量（蓄電容量） 【kWh価値】

産業用蓄電池システム（15～100kWh）

適用場所	公共施設、中型店舗、工場など
用途	・ピークカット（電気料金削減） ・ピークシフト（深夜料金利用） ・非常用電源（停電時、災害時）
価値	取り出せる電気の量（出力） 【kW価値】

出典：資源エネルギー庁資料

定置用蓄電池の目標価格

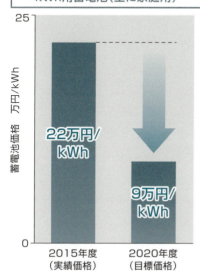
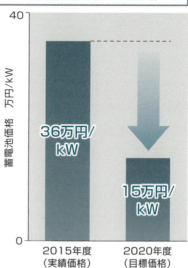

出典：資源エネルギー庁資料

第6章 分散型システム

6-5
電気自動車

次世代自動車の本命といえる電気自動車（EV）。搭載する電池の価格低減の見通しも見えつつあり、普及拡大が期待されています。電力システムにとっても、将来的に重要な構成要素の一つになるはずです。

▶▶ "走る蓄電池"

環境性に優れたエコカーとして注目される**電気自動車**（EV）。エンジンで化石燃料を燃やしながら走る従来の車と違い、走行中にCO_2を排出しません。NOx（窒素酸化物）など大気汚染の原因となる有害物質も出しません。

ただ、EVの本当の環境性は、使用する電気の"出自"によって変わってきます。例えば、太陽光などの**再生可能エネルギー**で作られた電気ならばトータルでもCO_2排出量ゼロになる一方、**石炭火力**で作られた電気ならば環境性に優れた車とはとても言えなくなります。EVの環境性は電源構成の今後のあり方に大きく左右されると言えます。

とはいえ、次世代のエコカーの本命との位置づけに変わりはなく、自動車メーカーはこぞって開発に乗り出しています。日本国内の新車販売台数に占めるシェアはまだ1%以下ですが、政府は2030年までに国内の自動車の最大30%をEVとプラグインハイブリッド車（PHV）にするという普及目標を掲げています。50年には全ての日本製自動車の電動化を目指すとの方針も打ち出されています。

EVの普及拡大は電力需要の増加につながりますが、電力システムにとってのEVの意味合いはそれにとどまりません。再エネなど分散型電源の導入量が大きく増えるのに対応した新たな電力システムの一部を担う要素として注目されているのです。システム上、EVは**蓄電池**の役割を果たします。

普及促進に当たっては課題もあります。その一つは、充電の利便性の向上です。出先でガス欠ならぬ"電欠"を起こさないためには充電インフラの整備が全国的に進む必要があります。充電時間の短縮も当然求められます。

電力システムの視点では、停車中は原則的に系統に接続されていることが望ましく、EVの保有者に接続を促す仕掛け作りも重要な課題です。EV搭載の蓄電池が最大限有効活用されるため、リサイクルの仕組みが確立されることも期待されます。

6-5 電気自動車

日本の次世代自動車の普及目標と現状

参考 新車乗用車販売台数: 438.6万台(2017年)	2017年(実績)	2030年
従来車	63.6%(279.1万台)	30〜50%
次世代自動車	36.4%(159.5万台)	50〜70%
ハイブリッド自動車	31.6%(138.5万台)	30〜40%※
電気自動車	0.41%(1.8万台)	20〜30%※
プラグイン・ハイブリッド自動車	0.82%(3.6万台)	
燃料電池自動車	0.02%(849台)	〜3%※
クリーンディーゼル自動車	3.5%(15.5万台)	5〜10%※

※次世代自動車戦略2010「2010年4月次世代自動車研究会」における普及目標
出典:未来投資戦略2018「2018年6月未来投資会議」

電源構成に依存するEVの環境性

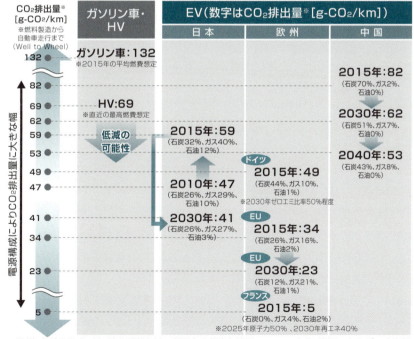

※欧州・中国のライフサイクル計算には一部日本の想定を適用　　出典:資源エネルギー庁資料

6-6
スマートメーター

スマートメーターは、需要家の30分ごとの消費電力量を計測できる新型メーターです。一般送配電事業者が計画的に導入を進めています。記録されたデータは今後、さまざまな用途で活用されそうです。

▶▶ 2024年までに全戸導入

スマートメーターとは、双方向の通信機能を備えた電力メーターのことです。従来のメーターでは分からない30分単位での電力使用量や**自家発電**からの逆潮流値など細かいデータの収集が可能になります。

スマートメーターは一般送配電事業者が保有・管理します。**東日本大震災**後に導入スピードを加速させることが決まり、現在の計画では最も早い東京電力パワーグリッドは20年までに設置完了の予定です。沖縄電力以外の8社は22年、沖電は23年にエリア内全戸への導入を終えます。設置費用は消費者が直接支払う必要はありませんが、**託送料金**の一部として電気料金に含まれるため、実質的には負担しています。

スマートメーターへの切り替えは第一に、小売全面自由化の実施のために不可欠です。**新電力**が販売計画を立てる際の対象に一般家庭も加わる以上、インバランス量算定等のために30分単位の電気の使用量の情報が必要になるからです。そのため、送配電事業者は全需要家への設置計画とは別に、小売事業者を切り替えた住宅には優先的にスマートメーターへの交換を実施しています。

スマートメーターが持つ可能性はそれにとどまりません。記録されるデータを活用した新ビジネスの創出が期待されています。例えば、需要家のエネルギー消費状況を把握することで、きめ細かい省エネサービスを提供できます。例えば、中部電力は他の技術と組み合わせて家電ごとの電気使用量を通知するサービスを開始しています。電気の使用状況から異常を察知できるとして、離れて暮らす老親の見守りなどの生活関連サービスを提供する事業者も現れています。

自由化やデジタル化の進展により、今後もさまざまなサービスが考案されるでしょう。一方で、データの利用拡大は個人情報の漏えいリスクの増大と背中合わせにあります。万全のセキュリティ対策が求められています。

6-6 スマートメーター

スマートメーター導入計画

各年度末のスマートメーター導入台数（2017年3月末時点）
（設置台数／当初計画（～2016年度）・設置予定台数（2017年度～））　　単位【万台】

← 各社の計画 →

電力会社 （設置予定台数等）	設置数 及び進捗率	2014	2015	2016	2017	2018	2019	2020	2021	2022	2023	2024
北海道電力 （370万）	76.7万 (20.7%)		29/38	48/53	48	49	51	51	52	56	57	
東北電力 （666万）	148.0万 (22.2%)	8/12	58/65	82/84	82	81	80	80	78	77	74	
東京電力 （2,700万）	1060.4万 (39.3%)	150/190	315/320	595/570	570	570	330	330				
中部電力 （950万）	289.8万 (30.5%)	1/1	108/102	181/146	144	142	139	139	142	139		
北陸電力 （182万）	37.3万 (20.5%)		15/15	22/25	25	24	23	22	18	17	19	
関西電力 （1,300万）	750.0万 (57.5%)	154/160	174/170	210/170	170	140*	125*	115*	110*	110*		
中国電力 （495万）	90.9万 (18.3%)		24/24	67/56	61	61	61	61	61	61	61	
四国電力 （265万）	43.5万 (16.4%)	1/3	13/15	29/31	31	32	32	32	32	32	31	
九州電力 （810万）	257.1万 (31.7%)		7/0	106/80	85	85	109	101*	100*	89*	47*	
沖縄電力 （85万台）	11.0万 (12.9%)		1/1	10/10	10	10	9	9	9	9	9	9
合計		314 /366	744 /750	1350 /1225	1226	1194	959	940	593	590	298	9

※記載導入台数のほかに検定有効期間満了（検満）に伴うスマートメーターからスマートメーターへの取替が発生

出典：資源エネルギー庁資料

データの活用ニーズ

高齢者見守り	空家の把握	再配達削減	温暖化対策	小売営業効率化
利用データ 各世帯での 電力使用状況	**利用データ** 各戸での電力 使用状況	**利用データ** 各世帯での 電力使用状況	**利用データ** 地域での 電力使用状況	**利用データ** 特定地域での 電力使用状況
＋付加価値 各世帯の住人の 生活反応の見守り	**＋付加価値** 空家の判断 特定地域空家率	**＋付加価値** 特定地域の 在宅率	**＋付加価値** 地域ごとの電力 消費量の特徴把握	**＋付加価値** きめ細かなメニュー 設定・営業ツール
利用者想定 自治体・セキュリティ会社等	**利用者想定** 自治体・金融機関等	**利用者想定** 宅配業者等	**利用者想定** 自治体等	**利用者想定** 小売電気事業者等

活用する電力使用量データの種類

個人情報	**個人情報**	個人情報	個人情報	個人情報
匿名加工情報	**匿名加工情報**	匿名加工情報	匿名加工情報	匿名加工情報
統計情報	統計情報	統計情報	**統計情報**	統計情報

出典：資源エネルギー庁資料

第6章 分散型システム

6-7
計量制度

電力システムが大きく変わろうとする中で、電気の計量のあり方も見直しが進められています。計量の正確性の担保は大前提ですが、電力ビジネスの革新を阻害しないために、まずは家庭内に限って規制緩和が行われることになりました。

▶▶ パワコンなどで計量可能に

日本の計量制度は1951年に制定された計量法を基礎とします。同法で、電気メーターは、計量器の中でも国民生活に関係が深いとして、ガス、水道、タクシーなどのメーターや体温計とともに「特定計量器」に指定されています。特定計量器は商用される前に、国や地方自治体などによる精度の確認を受けることが義務づけられています。これにより計量の正確性を担保しているわけです。

計量の正確性を担保するための規制は当然、運用面でも存在します。一例を挙げれば、「差分計量」という計量方法は認められていません。差分計量とは例えば、3つの発電設備の電気を逆潮流して売電する場合に、3設備の電気が合流した地点と2つの設備にそれぞれメーターを付けることで、残りの一つの設備の発電量を「差分」として算出することです。

とはいえ、全ての設備に特定計量器を取り付けることには相応のコストがかかるため、差分計量へのニーズは分散型電源の導入拡大などとともに高まっています。実際、住宅用太陽光については例外的に差分計量を認められました。2019年11月に**FIT**の買取期間が終了する住宅用**太陽光発電**が出始めることで、**卒FIT**とFIT買取中の発電設備が一つの住宅内に混在するケースが生まれることへの対応です。

現在の計量制度が抱える課題は他にもありました。太陽光の余剰電力のP2P（直接取引）や、消費機器の遠隔操作による**デマンドレスポンス**（DR）など新たな電力サービスも、計量法の規制によるコスト増が実現に当たっての障壁になると懸念されていました。そのため、20年の**電気事業法**改正により、家庭内の分散型リソースを活用した取引に必要な計量に限って、計量法の規定の適用除外となりました。小売電気事業者や**アグリゲーター**が事前に届け出た取引について、事業者が計量の精度の確保や需要家への説明を行うことを条件に、パワーコンディショナーや電気自動車（EV）の充放電設備などによる計量が容認されます。

6-7 計量制度

差分計量

新たに電源Cを設置しようとする場合に、

$$電源Cの発電量 = D - (A+B)$$

という形で計量する取引(差分計量)については、その正確性を立証できていないことから、原則として、計量制度上許容されていない。

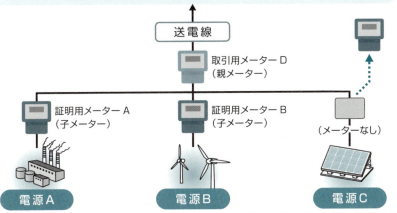

※取引用メーターは電力会社取付、証明用メーターは事業者取付　　出典：資源エネルギー庁資料

制度を合理化

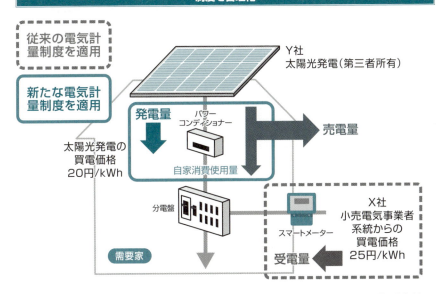

出典：資源エネルギー庁資料

6-8
エネルギーマネジメントシステム

分散型機器の導入が進むことで、電力などのエネルギーを需要家の側が管理する必要性が生じています。エネルギーマネジメントシステム (EMS) を活用することで、最適な管理が可能になります。

▶▶ エネルギー需給を最適化

大型電源と長距離送電にもっぱら依存する従来型の電力システムでは、需要家の側が電気の使用に主体的に関わる余地はほとんどありませんでした。ですが、分散型エネルギー機器の普及によって、その状況は大きく変わっています。**燃料電池**や**電気自動車**、**蓄電池**などの機器が備わり、あるいは太陽光パネルが屋根に乗れば、その建物自体がエネルギーの消費地であることに加えて、エネルギーの供給や調整の拠点にもなります。

とはいえ、屋内のエネルギー需給に常に目を光らせているヒマは普通の人にはありません。ですが、安心して下さい。複数の分散型機器を適宜制御し、その最適化を図ってくれる頼もしいシステムがあるからです。そのままの名前ですが**エネルギーマネジメントシステム** (EMS) です。制御対象ごとに頭にアルファベットが一つ加わります。業務用ビル向けであれば「B（ビル）EMS」、複数の建物を含んだ地域内のエネルギー管理をする場合は「C（コミュニティ）EMS」、そして、家庭向けは「H（ハウス）EMS」です。

EMSの果たす役割は、簡潔に言えば制御する範囲内でのエネルギー使用の最適化を実現することだと言えます。例えば、**太陽光発電**の電気も、その時々の系統全体の需給状況などに応じて、**自家消費**、電力会社への売電、蓄電池や電気自動車への蓄電といった選択肢のどれが経済合理的か変わってきます。EMSはこうした選択を人間に代わってしてくれるわけです。

EMSが制御するのは発電・蓄電機器だけではありません。**IoT**（モノのインターネット）技術などと連携し、テレビやエアコンなど電気を消費する機器とも今後は接続されていくでしょう。また、ガスなど電気以外のエネルギーも制御対象になりえます。需給両方の機器を機動的に制御することで、生活の快適性を失わずに最大限の節電や省CO_2を自動的に実現してくれるはずです。

6-8 エネルギーマネジメントシステム

HEMSシステム構成要素イメージ

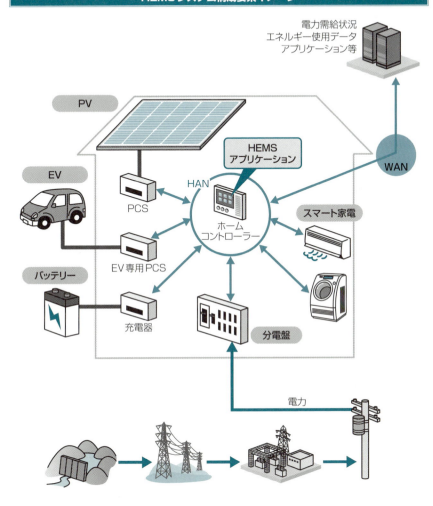

(注)
PV(Photovoltaic):太陽光発電
PCS(Power Conditioning System):直流の電気を交流に変換する機器
EV(Electric Vehicle):電気自動車
EV専用PCS:EVへの電気を変換する機器
HAN(Home Area Network):宅内の通信ネットワーク
WAN(Wide Area Network):外部の通信ネットワーク
スマート家電:従来の省エネ機能に加え、創エネ・蓄エネ機能を有した機器がネットワークを介して繋がり、最適制御されるもの

153

6-9
ZEH（ネット・ゼロ・エネルギー・ハウス）

消費する量以上の電気を自ら作り出す「ZEH（ネット・ゼロ・エネルギー・ハウス）」。太陽光発電の導入や建物の断熱性向上などにより実現可能になります。家庭部門の有力な省CO_2対策として推し進められています。

▶▶ 基準は細分化

国内の各部門の中で**地球温暖化**抑制のためのCO_2排出量削減の取り組みが最も遅れているのは、CO_2排出量の約15％を占める家庭部門です。地球温暖化への対応が待ったなしの状況において、家庭部門で省エネ・省CO_2をどう進めるかが大きな課題になっています。こうした中、政府が力を入れているのが、環境性に優れた次世代型住宅**ZEH**（ネット・ゼロ・エネルギー・ハウス）の導入拡大です。その名の通り、エネルギーの消費量が全体としてゼロの住宅を意味します。

エネルギーを全く消費しないことはありえないわけですが、ようするに消費する量以上のエネルギーを自ら創り出す家ということです。窓や壁の断熱性向上やLED照明など省エネ機器の採用などによるエネルギー消費量の徹底的な削減に加え、屋根に**太陽光発電**を設置することでCO_2フリーな電気を**自家消費**します。

ただ、太陽光発電のエネルギー・ゼロへの貢献度は気象条件や建物の大きさによって異なります。例えば、積雪量が多い地域などでは太陽光発電の稼働率はどうしても低くなります。また、太陽光発電の設置可能面積と屋内の電力消費量の比率が戸建とは大きく異なるマンションでのZEHの実現も容易ではありません。

政府では、こうした事情を考慮して、ZEHの基準を細分化しています。寒冷地や多雪地域向けの「nearly ZEH」、都市部の狭小地に建設される建物向けの「ZEH oriented」などです。逆に、**電気自動車**の利用などにより1次エネルギー消費量を25％以上削減する「ZEH+」という上位基準も設定しています。

政府は30年に新築住宅の平均でのZEHの実現、50年に住宅部門全体でCO_2排出ゼロを目指しています。新築戸建に占めるZEHの割合は全国でまだ5％程度で、本格的な取り組みはこれからです。なお、同様の概念を商業ビルに当てはめたのが、**ZEB**（ネット・ゼロ・エネルギー・ビルディング）です。

6-9 ZEH(ネット・ゼロ・エネルギー・ハウス)

定義(イメージ)

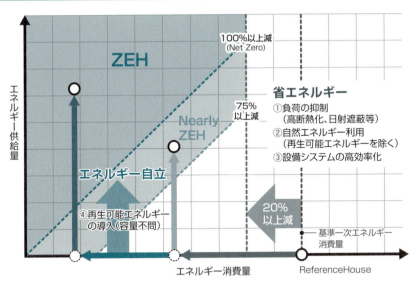

出典:経済産業省「ZEHロードマップ検討委員会」報告書より

都道府県別のZEH普及状況

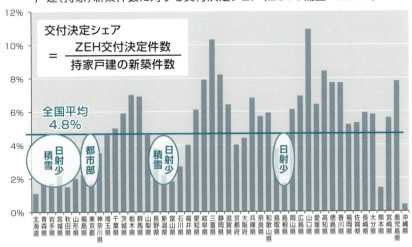

出典:「ネット・ゼロ・エネルギー・ハウス支援事業調査発表会2017」
(経済産業省 資源エネルギー庁、一般社団法人環境共創イニシアチブ)

6-10
未利用熱エネルギー

分散型機器を組み合わせてエネルギー需給の最適化を図る際には、電気だけでなく熱エネルギーもシステムにうまく組み込むことが必要です。未利用の熱エネルギーは都市部にも農村部にも眠っています。

▶▶ 地中熱、下水熱、雪氷熱

日本で消費されているエネルギーの中で、電気が占める割合は実は25%程度に過ぎません。熱エネルギーとして消費されている方が多いのです。熱も電気と同様に**再生可能エネルギー**を活用して作ることが可能です。現在は未利用の再生可能な熱エネルギーを組み込むことで、より環境に優しい分散型のエネルギーシステムが構築できます。

都市部で有望な再エネとして注目度が増しているのが、**地中熱**エネルギーです。建物の地下に管を埋設して地中にある冷温熱を取って利用します。地表の温度は季節によって大きく異なりますが、地下10m以上の深さになれば、年間を通してほぼ一定で、地表の年間の平均気温とほぼ同じです。そのため、夏は冷房用、冬は暖房用のエネルギーとして使えます。

地面があるところであれば導入に当たって場所は特に選ばず、出力も年間通して安定しています。高い初期投資費用が障害になって導入実績はまだ限定的ですが、東京スカイツリーが空調システムに採用したことで注目されました。

下水熱も貴重な未利用熱エネルギーです。国土交通省は14年策定の「新下水道ビジョン」で、下水道をエネルギーの供給拠点として活用する方針を示しました。下水熱の供給可能量は、約1,500万世帯の年間冷暖房熱源に相当する7,800Gcal/hもあるそうです。

一方、農村部ではバイオマス資源が電気だけでなく熱エネルギーの供給源としても高い可能性を持ちます。また、北海道や東北などの寒冷地域限定のエネルギー源として、**雪氷熱**エネルギーがあります。冬季に降り積もった雪や氷を、断熱設備のある貯雪氷庫に貯めておき、夏季に家屋や冷蔵施設での冷房用のエネルギーとして利用するものです。豪雪地帯では以前から農産物の保存などの用途で細々と活用されてきましたが、より大規模化した導入事例も出ています。

6-10 未利用熱エネルギー

地中熱利用

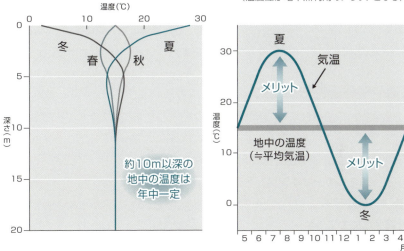

出典:資源エネルギー庁資料

冬季の利用例

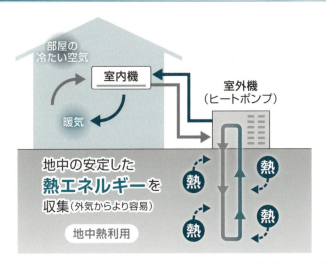

出典:資源エネルギー庁資料

6-11
スマートコミュニティ

再生可能エネルギーなど分散型機器を組み合わせて特定エリア内のエネルギー利用の最適化を図るスマートコミュニティの構築。地球環境にも人間にも優しい取り組みで、全国各地に多くのプロジェクトが存在します。

▶▶ 交通や情報通信も高度化

分散型機器の組み合わせにより、電力を中心とした新たなエネルギー需給システムを構築する動きが全国各地で進んでいます。俗に**スマートコミュニティ**と呼ばれる次世代型の街づくりです。未利用の熱エネルギーなども活用し、CEMS（コミュニティー・**エネルギーマネジメントシステム**）で全体の需給を管理します。**東日本大震災**後の**計画停電**により社会機能の低下を余儀なくされた教訓を踏まえるとともに、**再生可能エネルギー**を中心とした供給体制とすることでCO_2排出量を削減する狙いもあります。

プロジェクトの性格は多種多様で、スマート化の対象エリアは市街地全体から集合住宅や商業施設などさまざまです。ただ、多くの取り組みが障害者や子供など社会的弱者に優しい街づくりという視点も組み込んでいる点は共通しており、エネルギーだけでなく交通や情報通信のシステムの高度化も志向しています。スマートコミュニティとは言わば、持続可能で万人が暮らしやすい町、ということなのです。

例えば、パナソニックは神奈川県藤沢市で「Fujisawaサスティナブル・スマートタウン（SST）構想」と名づけたプロジェクトを進めています。同社の工場跡地に一から町を立ち上げる計画で、エリア内の全住居に**太陽光発電**と**蓄電池**を設置しています。プロジェクト第2弾として、横浜市港北区にも同様のコンセプトの町を作っています。

都市ガス大手の東邦ガスは名古屋市内に「みなとアクルス」という名称のスマートコミュニティを作りました。総面積約33haのエリアに大型商業施設や約500戸の集合住宅、スポーツ関連の施設などを整備しています。集合住宅の各戸に**エネファーム**を採用した他、エリア内のエネルギーはガス**コージェネレーション**（2,000kW）や**NaS電池**（600kW）からなるエネルギーセンターが一括的に供給しています。

6-11 スマートコミュニティ

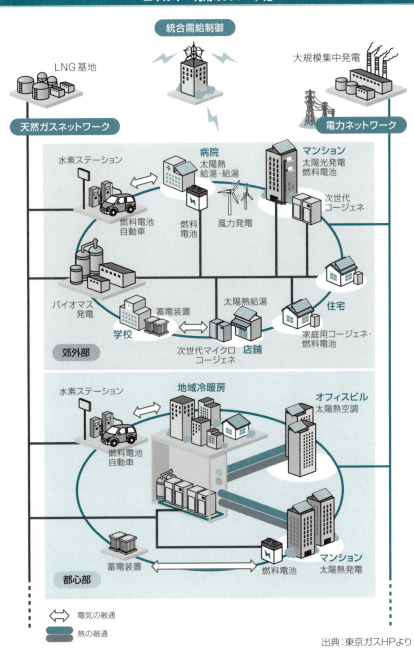

出典：東京ガスHPより

電気がコミュニケーションツールに

　大手住宅メーカーの積水ハウスが2018年7月に、企業では日本初だという幸せを研究する機関「住生活研究所」を開所しました。住めば住むほど幸せになる住まいのノウハウを科学的・理論的に明らかにすることで、居住者が高い幸福感を持てる住まいを提案するのがミッションです。同年10月にはさっそく、従来の機能別の「LDK発想」から脱却した大空間リビングという部屋割りの新たなコンセプトを提案しました。また、慶應義塾大学や産業技術総合研究所、NECなどとともに、居住者の健康に焦点を絞った研究にも着手しています。

　物質的な豊かさから精神的な豊かさへと人々の価値観は変わっているということは、現代の日本において巷間よく言われます。積水ハウスの取り組みはまさにこうした変化に沿うものですが、電気事業者が目指すべき道もおそらく同じ方向でしょう。

　電気をただ売っているだけでは顧客のニーズに応えられない状況はすでに生まれています。地球環境への負荷低減が人類共通の課題になる中、電気をどんどん使ってくださいという姿勢ではもはや通用しません。そのため、大口需要家に対しては、ガスなど他のエネルギーとともに、省エネや省CO_2のエネルギーマネジメントをパッケージして提供するエネルギーソリューションサービスが広がっています。

　家庭向けサービスではこうした要素に加えて、居住者の幸福感を高めるという観点も加味できれば他社との差別化につながりそうです。幸福感を生み出すために電気が何か積極的な役割を果たせるかというと頭をひねる人がほとんどかもしれませんが、新たな電力システムのもとではあながち荒唐無稽な話でもないのです。

　例えば、住宅用太陽光発電の余った電気を遠く離れた家族に融通するサービスが検討されています。もちろん、自宅で発電した電気が物理的に遠方の家族のところまで届くわけではありませんが、そうした取引を契約上成立させることで、電気はコミュニケーションツールとしての役割も果たせるようになります。電気の託送を通じて楽しい会話が生まれることもありえるのです。

第 **7** 章

電力自由化

　1990年代半ばに始まった電力自由化は東日本大震災を経て、2016年4月の小売全面自由化に至りました。これにより多種多様な新電力が開放された市場に参入しましたが、現時点では全国に10社存在する大手電力の存在感はまだまだ高いままです。とはいえ、分散型電源の存在感が大きく高まる新たな電力システムへと移行する中で、競争のあり方もまた変わっていくことが予想されます。システムの変化の方向性をいち早く察知し、需要家が電気に求める新たなニーズに敏感な事業者が最終的には生き残るはずです。

7-1
9電力体制

日本の電気事業は戦後長らく、地域ごとに独占的に事業を行う電力会社が併存する産業構造でした。いわゆる「9電力体制」です。地域独占や垂直一貫体制、政府による料金規制が主な特徴として挙げられます。

▶▶ 1951年に発足

電気事業は明治時代に今で言うベンチャー事業として始まりました。最初の電力会社である東京電燈の開業は1887（明治20）年。その後、電力会社は全国各地に雨後の竹の子のように設立されますが、やがて合併等により5大事業者に収れんします。その5大事業者も1939年に国策会社の**日本発送電**に統合されました。総力戦体制の一環として、電気事業は国家管理下に置かれたのです。

終戦後、戦後改革の一つとして、日本発送電は解体されました。喧々諤々の議論を経て決まった新たな電気事業体制が、1951年に発足した**9電力体制**です。地域ごとに独占的に事業を行う電力会社が全国に9つできたことからそう呼ばれました。9つの電力会社とは、北から北海道電力、東北電力、東京電力、中部電力、北陸電力、関西電力、中国電力、四国電力、九州電力です。なお、1972年の沖縄返還により琉球電力公社が沖縄電力となり、"10電力体制"となりました。

電気事業は3つの工程に分かれます。**地域独占**ですから10社はその3工程を全て自社内に抱えました。9電力体制の大きな特徴の一つである**垂直一貫体制**です。1つ目は電気を作る工程「発電」。発電所の建設や燃料の調達の仕事です。2つ目は、電気を送る工程「送配電」。発電所で作られた電気を運ぶ送配電ネットワークを保有・運用する仕事です。そして3つ目は電気を需要家に販売する工程である「小売」です。

9電力体制は電力需要が右肩上がりで伸びた戦後復興から高度経済成長期までは適合的なシステムだったと言えます。ですが、低成長時代に入り、競争相手がいないことによる弊害が目立ってきました。地域独占を認めたことと引き換えに電気料金は政府の認可制でしたが、その水準は海外に比べて一際高くなっていたからです。そのため、新規参入を認めて市場原理を導入する自由化政策が段階的に実施されることになりました。

162

7-1　9電力体制

9電力体制時代の供給区域

出典：資源エネルギー庁資料より

電気事業の歴史

年	出来事
1887(明治20)年	日本初の電力会社「東京電燈」が開業
1911(明治44)年	電気事業の発展促進を目的に、電気事業法を制定
明治末期～大正	5大電力会社(東邦電力、東京電燈、大同電力、宇治川電力、日本電力)に集約
1936(昭和11)年	電力国家管理要綱が閣議決定
1939(昭和14)年	日本発送電が設立
1945(昭和20)年	敗戦
1950(昭和25)年	電気事業再編成令・公益事業令の公布
1951(昭和26)年	9電力体制が発足
1972(昭和47)年	沖縄電力が設立

7-2
小売部分自由化

電力小売の自由化は2000年から段階的に実施されました。東日本大震災が起きた2011年の時点で契約電力50kW以上の高圧市場まで開放されていました。ただ、競争が活発に起きているとは言い難い状況でした。

▶▶ 段階的に範囲拡大

1990年代後半、諸外国よりも割高な電気料金への関心が高まりました。その結果、電力産業にも規制緩和の波が押し寄せ、段階的な小売自由化が始まります。2000年にまず契約電力2,000kW以上の特別高圧の需要家が自由化対象になりました。これにより登場した石油会社や総合商社など電力小売事業の新規参入者は**特定規模電気事業者**（**PPS**：Power Producer and Supplier）と名づけられました。現在では、**新電力**と呼ばれています。

自由化範囲は段階的に拡大されていきました。04年に契約電力500kW以上、05年に50kW以上の高圧需要家まで自由化範囲に含まれました（沖縄を除く）。ただ、活発な競争は起きませんでした。自由化開始から10年以上が経過した**東日本大震災**直前の頃でも、自由化市場での新電力のシェアは3%ほどにとどまっており、**大手電力**10社の**地域独占**の構造はほぼ何も変わっていませんでした。

その要因として、原発を**地球温暖化**対策の柱に据えた経済産業省が大手電力の経営体力が弱まる自由化政策の徹底に及び腰になったことに加え、外部環境の変化も大きかったと考えられます。自前の発電所をほとんど持たない新電力の主な電気の調達先は工場等の**自家発電**設備の余剰電力でした。つまり、火力発電の電気ですが、2000年代半ばから火力発電は競争力を失いました。

ひとつは原油価格が急騰したためです。米国の原油先物WTIは2000年代初頭にはバレル20ドル台でしたが、07年頃から100ドルを挟んで上下するようになりました。また、05年の**京都議定書**の発効も火力発電に逆風になりました。

その結果、経済性と環境性の両方の観点から原発や**大規模水力**を持つ大手電力の電気に優位性が生まれました。経営に余力のある大手電力は料金値下げに前向きに取り組むことで競争促進策を求める声を封じました。自由化政策は行き詰まりましたが、その状況は**東日本大震災**により一変することになります。

164

7-2 小売部分自由化

自由化導入直前の電気料金国際比較

1999年国際比較（ドル/kWh）

	日本	米国	英国	ドイツ	フランス	イタリア	韓国
家庭用	0.149	0.082	0.112	0.142	0.122	0.171	0.128
産業用	0.100	0.039	0.061	0.053	0.044	0.100	0.073

家庭用比（日本=1.00）：日本1.00、米国0.55、英国0.75、ドイツ0.95、フランス0.82、イタリア1.15、韓国0.86
産業用比（日本=1.00）：日本1.00、米国0.39、英国0.61、ドイツ0.53、フランス0.44、イタリア1.00、韓国0.73

出典：資源エネルギー庁資料より

東日本大震災前の自由化政策が大手電力に及ぼした影響

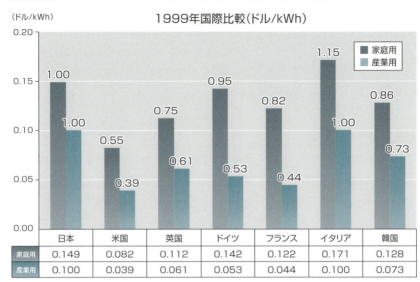

外的影響因子
- 需要増加鈍化（16%の要因）
- 長期金利低下（40%の要因）
- 燃料費変化（7%の要因）
- 合計 △¥2.1/kWh相当（年約1.9兆円）
- 制度改革（'95～）

大手電力の行動
- 供給費用低減努力 制度改革影響により △¥1.3/kWh（年約1.2兆円、最大約4割の要因）
- 経営体質の強化
- 競争への対応

料金・費用等変化
- 供給費用変化 ¥3.3/kWh（年約3.1兆円）
- 電気料金引下努力 制度改革影響を含め ¥3.5/kWh（年約3.3兆円）

※ 分析は、制度改革前（1989～1996年度）の金利や需要増加率を基準とした、制度改革後（1996～2003年度）の費用低減効果の影響額・率の抽出を行った。上記の各数値は、2003年度における影響額・率を示す。各項目は10～20%の推計誤差を含むことに注意。

出典：資源エネルギー庁資料より

7-3
小売全面自由化

2016年4月、小売市場の全面自由化が実施され、全国の一般家庭が電力会社を選べるようになりました。それに伴い事業者区分が見直され、大手電力の小売部門と新電力は法的に「小売電気事業者」に一本化されました。

▶▶ 9電力体制が終焉

2016年4月の小売全面自由化により、それまでは各地域の**大手電力**が独占していた一般家庭を含む低圧需要家も電力会社を自由に選べるようになりました。なお、沖縄はこの時点でまだ特別高圧市場までしか自由化していませんでしたが、同じタイミングで高圧市場も含めて一気に全市場を開放しました。

全面自由化は電気事業制度の観点から言えば、部分自由化とは質的に大きく異なります。大手電力と**新電力**は部分自由化の時代には制度上の位置づけが違いました。大手電力の法律上の名称は**一般電気事業者**。一方、新電力は**特定規模電気事業者**が正式名称でした。ここで言う「特定規模」とは、自由化された契約電力の規模を指します。つまり、部分自由化当初は2,000kW以上が「特定規模」でしたが、この概念は全面自由化により全ての市場が開放されたことで消失しました。

つまり、大手電力（一般電気事業者）の小売部門と新電力（特定規模電気事業者）を制度上区分する根拠がなくなったのです。そのため、電気の小売事業を営む事業者の法的位置づけは**小売電気事業者**に一本化されました。**9電力体制**は制度上、ここに終焉したと言えます。

ただ、各エリア内で圧倒的なシェアを持つ大手電力の小売部門には料金規制が残っているので、小売電気事業者の中でも特殊な位置づけで**みなし小売電気事業者**と呼ばれています。規制が撤廃された後は新電力と法的に全く同一になります。全ての大手電力がそうなって初めて、全面自由化は成功したと言えるかもしれません。

なお、発電事業については**発電事業者**、送配電事業については**一般送配電事業者**などの法的資格を新たに設定しました。つまり、これまでは**垂直一貫体制**のもと、発電、送配電、小売の3事業全てを「一般電気事業者」の資格で行ってきた大手電力は、事業ごとに3つの資格を持つことになったわけです。それが、東京電力が全面自由化と同時に持ち株会社に移行した制度的背景です。

7-3　小売全面自由化

自由化された低圧電力の市場規模・契約数（2014年度）

	市場規模 （単位：億円）	契約数（単位：万件）		
		一般家庭部門	商店、事業所等	合計
北海道	3,393	363	40	403
東北	7,310	694	81	775
東京	28,275	2,723	198	2,922
中部	10,162	959	106	1,065
北陸	1,903	189	22	212
関西	12,779	1,262	101	1,364
中国	4,686	482	45	527
四国	2,557	253	34	286
九州	7,670	787	84	871
沖縄	1,453	83	6	89
10社計	80,187	7,795	718	8,513

※合計値が合わないのは、四捨五入による。

出典：資源エネルギー庁資料より

小売全面自由化後の事業者区分

発電　発電事業者　一定規模未満の発電設備保有者　自家発電

送配電　送配電事業者（情報の目的外利用の禁止、特定事業者の差別的取扱の禁止等）　ネットワーク利用（託送供給）

小売　小売電気事業者

全ての需要家　自家消費

出典：資源エネルギー庁資料より

第7章　電力自由化

167

7-4
小売電気事業者

　小売全面自由化により、10電力会社が独占していた約8兆円の低圧市場が開かれました。これを機に、多種多様な企業がそれぞれの思惑で電力小売事業に参入しています。小売電気事業者の登録数は600社を超えています。

▶▶ 異業種から続々参入

　電気の小売事業は登録制で、必要な要件を満たせば新規参入が自由です。経済産業省は事業者からの登録申請を受けて、需要家保護体制の構築や必要な供給力の確保などの準備状況を審査し、問題がなければ順次**小売電気事業者**として登録しています。事業者の数は全面自由化以降基本的に増え続けており、2020年3月末時点で646者です。登録事業者の一覧は経産省のホームページで誰でも見ることができます。

　ただ、月間の販売電力量が1億kWhを超える**新電力**はそのうち20社もありません。こうした有力新電力の代表は電力以外のエネルギー企業です。東京ガス、大阪ガスなど都市ガス会社、ENEOS、出光興産などの石油会社などが目立っています。エネルギー以外の業種では、情報通信（KDDI）、ケーブルテレビ（Jコム）、鉄道（東急）、旅行代理店（HIS）などが、自社製品と組み合わせたサービスを消費者に提供するなどで顧客を獲得しています。生協系の新電力も独自の理念に基づき、各地で顧客を獲得しています。

　一方で、営業実態がほとんどない新電力も少なくありません。18年7月時点で、登録した事業者の4分の1弱は電気の供給実績がありません。また、事業撤退により登録が抹消される事業者も徐々に増えています。急激に成長したものの、深刻な経営危機に陥った新電力も出ています。

　登録数に比べて、事業を順調に拡大する事業者が少ないのは、自由化したとはいえ公益事業である電力小売事業の敷居は決して低くないということかもしれません。例えば、日本全体の安定供給体制の一翼を担う存在として、小売電気事業者には自社顧客へ確実に電気を販売できるだけの供給力を確保する義務が課されています。廉価な電気をいかに安定して調達するかが、部分自由化の時代から変わらない新電力の最大の課題です。

168

7-4 小売電気事業者

小売電気事業者の登録数等の推移

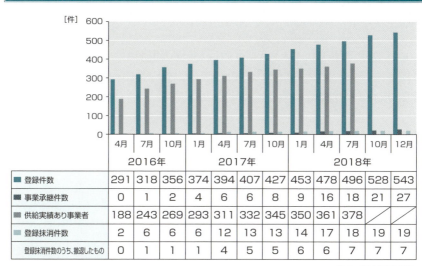

	4月	7月	10月	1月	4月	7月	10月	1月	4月	7月	10月	12月
	2016年			2017年				2018年				
登録件数	291	318	356	374	394	407	427	453	478	496	528	543
事業承継件数	0	1	2	4	6	6	8	9	16	18	21	27
供給実績あり事業者	188	243	269	293	311	332	345	350	361	378		
登録抹消件数	2	6	6	6	12	13	13	14	17	18	19	19
登録抹消件数のうち、撤退したもの	0	1	1	1	4	5	5	6	6	7	7	7

出典：電力調査統計

都道府県別小売電気事業者数

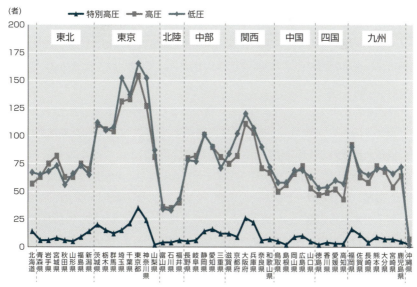

※小売電気事業者数には、大手電力も含む。
出典：電力調査統計

第7章 電力自由化

7-5
小売の事業モデル

小売電気事業者のライセンスを取らずに、他の小売事業者の代理店や取次店として電力販売を手掛けることも可能です。マンションにおける高圧一括受電など電力小売に付随した新サービスも考案されています。

▶▶ 消費者の選択肢を増やす

電力事業と無関係だった企業にとって、小売電気事業を営むことは容易ではありません。一方で一般消費者との接点機会が多く営業面で強みがある事業者にとって、電気は魅力的な商材です。消費者の視点でも、他の商材でなじみのある会社が電気の売り手として存在することは望ましいことです。

こうした問題意識から、自社で小売ライセンスを取得しなくても、他の**小売電気事業者**の代理店や取次店になることで電力販売を手掛けることが認められています。いわば電力版のOEM（相手先のブランドで販売される製品の製造）で、自由化で先行する英国ではホワイトラベルと呼ばれる事業モデルです。

例えば、東京ガスや大阪ガスは本業で関わりのある近隣の中小都市ガス事業者を代理店とすることで自社の電気の営業網を広げています。中小事業者の側にも顧客サービスの拡充という利点があります。小売電気事業者は消費者トラブル防止などの観点から提携先の代理店や取次店の名称をホームページなどで公開することを求められています。

代理店としてまず参入してノウハウを積んだ上で、小売電気事業者として一本立ちするケースもありますし、逆に小売電気事業者として自立していた**新電力**が戦略を転換し**大手電力**の代理店になるケースも出ています。

自社では直接電気を売らないビジネスモデルとしては、部分自由化の時代に考案された**高圧一括受電サービス**もあります。マンションの管理組合などが契約主体となり高圧でまとめて購入した電気を入居者にそれぞれ低圧で分配するものです。高圧と低圧で料金単価に差があることを利用したサービスで、その差額分だけ各家庭の電気料金は安くなります。ただ、入居する家庭が電力会社を自由に切り替えられなくなるため、全面自由化後は消費者が電力会社を選択する権利を逆に奪うとの指摘も出ています。

7-5 小売の事業モデル

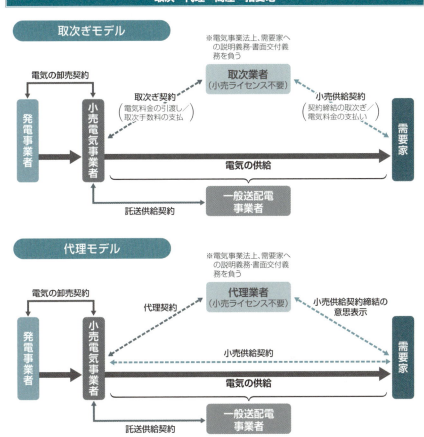

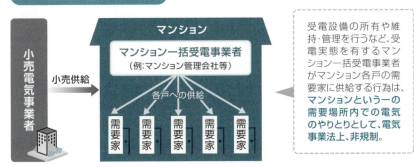

出典：電力の小売り営業に関する指針より

7-6
大口市場の現況

東日本大震災以降、右肩上がりで伸びてきた高圧市場の新電力シェアですが、近年は大手電力が顧客を奪還するケースも増えています。特別高圧市場では、大手電力の牙城はまだまだ強固なものがあります。

▶▶ 新電力シェアは頭打ち傾向

2005年に自由化された契約電力50kW以上の大口市場における新電力シェアは、**東日本大震災**の前は3%弱でしたが、その後伸び始め、全面自由化直前の16年3月には8.8%にまで達しました。大震災直後の首都圏での計画停電などにより需要家の側に電力会社を選択する意識が高まったこと、原発の運転停止により多くの**大手電力**が料金値上げを余儀なくされたことなどが要因と考えられます。

大口市場は、商業ビルなどの業務用部門が中心の高圧市場と、工場などの産業用部門が中心の特別高圧市場に分かれます。このうち、**新電力**の躍進が目立っているのは、高圧市場です。夜間や休日は電気の消費量が大きく減るオフィスビル等は負荷率が比較的低いことから、**ベースロード電源**を持たない新電力でも大手電力に対して競争力のある価格提案が可能だからです。

なかでも新電力への離脱が特に多かったのが、大震災後2度にわたり規制料金の値上げを実施した関西電力と北海道電力のエリアでした。どちらも高圧市場での新電力シェアは30%を超える水準まで達しました。ただ、関電は17年に原発が再稼働したことで反転攻勢に出て、顧客を次々に奪還しました。その後、北海道電力も反転攻勢に出ています。

一方、休みなく稼働し続ける工場が中心の特別高圧市場は、今も大手電力の牙城です。2019年12月の新電力の全国シェアは5%程度に過ぎません。一時は15%程度まで伸びた北海道でのシェアも7%程度まで下がっています。**石炭火力**や**大規模水力**などベースロード電源の有無が価格競争力の決定的な差になっていると考えられています。

高圧市場でも、新電力との競争が激しい顧客に対して大手電力が提案する価格は、新電力が太刀打ち不可能な水準にあるとの指摘もあります。こうした声に応えて2019年度に**ベースロード市場**が開設されました。

7-6　大口市場の現況

特別高圧・高圧分野の新電力シェア（供給区域別）

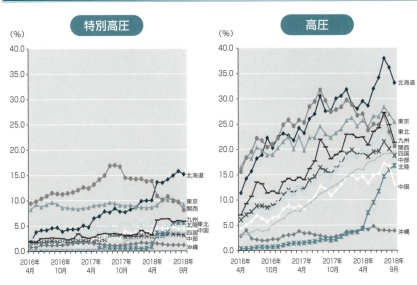

出典：電力取引報

大手電力と新電力が応札した入札の結果

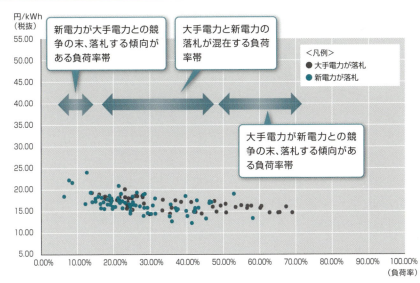

出典：電力・ガス取引監視等委員会資料

7-7
家庭市場の現況

一般家庭を中心とした低圧市場の新電力シェアは、全面自由化後右肩上がりで伸び続けています。2018年6月には10%を超えました。新電力から別の新電力へ切り替える家庭も徐々に出てきています。

▶▶ 5軒に1軒が料金メニュー変更

2016年4月に開放された一般家庭など低圧市場では、**新電力**のシェアは18年末時点で一貫して右肩上がりで伸び続けています。自由化から2年強が経過した18年6月には、10%に達しました。**大手電力**から新電力への切り替え申し込み件数を見ると、初年度の16年度より2年目の17年度の方が多くなっています。

大手電力内で規制料金メニューから**自由料金**メニューに切り替える家庭も増えており、両者を合わせた低圧需要家のスイッチング率は2018年9月に20%を突破しました。全国の5軒に1軒は自由化後に電気料金メニューを主体的に選択し直したことになります。新電力から他の新電力への再切り替えや、新電力から大手電力への出戻りなど2度目のスイッチングをする家庭も増えてきています。ガスや飲料水など別の商材や生活まわりサービスと組み合わせた提案をする小売事業者も現れています。消費者は電力会社の選択という行為に慣れてきているのかもしれません。

とはいえ、競争状況は地域によって大きな差があることも確かです。東京電力エリアと関西電力エリアの2大都市圏で特に競争が活発な傾向にあります。最も競争が起きている東電エリアでの新電力シェアは25%近くまで高まっています。関電エリアのシェアも20%を超えています。一方、東北電力や中国電力、北陸電力、四国電力、沖縄電力のエリアは競争が限定的で、新電力シェアは19年12月時点でまだ10%未満です。

悪質な事業者による消費者トラブルも起きています。全国の国民生活センターと消費生活センターに寄せられた電力に関する相談件数は、全面自由化前後に大きく増えた後、一度鎮静化したものの、17年の年末頃からまた増えています。具体的には、「知らない間に契約先の電力会社が変わっていた」「資料請求だけのつもりが、いつの間にか契約が切り替わっていた」などの問題が発生しており、経済産業省も注意を喚起しています。

7-7 家庭市場の現況

低圧分野の新電力シェア（供給区域別）

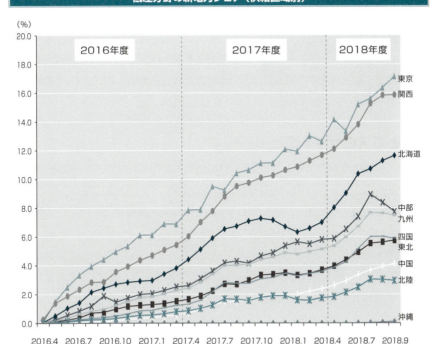

※シェアは各供給区域において、大手電力（旧一般電気事業者）以外の新電力の販売量を、供給区域内の全販売量で除したもの
※「新電力」には、供給区域外の大手電力を含まない。

出典：電力取引報

小売全面自由化に関する国民生活センターなどへの相談件数

出典：国民生活センター資料

7-8
都市ガス自由化

電力に1年遅れて2017年4月には都市ガスも全面自由化されました。4大都市圏が地盤の大手電力はそれぞれ家庭向けの都市ガス販売を開始しています。その他の事業者による新規参入の動きも徐々に活発になっています。

▶▶ 電気とガスのセット販売

都市ガス市場も電力市場と並行して、自由化範囲が段階的に拡大されてきました。部分自由化のスタートは電力よりも早く、1995年に年間契約数量200万m³以上の大規模工場などが自由化対象になりました。**東日本大震災**が起きた時点では、10万m³以上の大口需要家までが開放されていました。

電力市場と都市ガス市場は似ている部分もありますが、いくつかの点で大きく異なります。まず、都市ガスには電力のような卸取引所が存在しません。北海道から九州まで送電線がつながっている電気に対して、全国大のガスのパイプライン網は整備されておらず、全国市場が物理的に形成されていないからです。例えば、東京と大阪の二大都市圏もパイプラインで結ばれていません。

そのため、全面自由化後も、異業種から多くの新規参入が一気に生まれるという電力のような状況にはなりませんでした。都市ガス市場にすぐさま参入できるのは、発電用燃料として天然ガスを海外から輸入している**大手電力**くらいしか見当たらなかったからです。逆に言えば、大手電力は都市ガス市場の有力な新規参入者として強く期待されました。その期待に応えるべく、東京電力エナジーパートナー、中部電力ミライズ、関西電力、九州電力は各地元で家庭向けの都市ガス小売事業に参入し、電気とガスを組み合わせた需要の奪い合いを地元の都市ガス会社と繰り広げています。

その後、民間の創意工夫や制度的措置により都市ガス調達のハードルは大きく下がりました。その結果、LPガス会社や新電力など新規参入の動きは徐々に活発になっています。4エリアの新規参入者へのスイッチング率は2020年2月時点で、関東12.4%、中部・北陸16.8%、近畿18.5%、九州・沖縄8.4%です。東北や四国など他のエリアでは無風の状況が続いていましたが、20年4月には北海道でも新規参入が実現しました。

176

7-8 都市ガス自由化

ガスの小売自由化の経緯

出典：資源エネルギー庁資料

全国のスイッチング申込件数推移（2017年3月～11月）

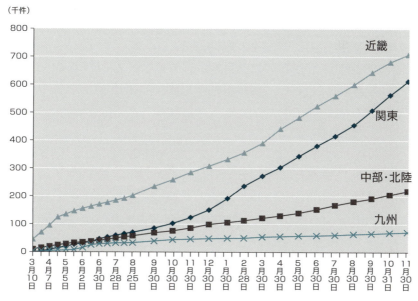

出典：資源エネルギー庁資料

7-9
大手電力間競争

2000年の部分自由化以来、実質的に全く起こっていなかった大手電力間の競争が、全面自由化を機に大都市圏を中心に活発になっています。福島第一原発の事故後に国有化された東京電力が引き金を引きました。

▶▶ 業界秩序は崩れた

大手電力間の競争を引き起こすことは、電力自由化の大きな狙いの一つでした。電力系統が完全に独立した沖縄電力を除いても、日本列島には9つの大きな電力会社が存在しています。これらの会社が本気で顧客の奪い合いを始めれば、自由化市場のプレーヤー数としては十分だとも考えられたのです。

ですが、**東日本大震災**前までは、大手電力が互いのエリアに進出することは実質的にありませんでした。大震災前の越境供給の事例は、九州電力が広島市内のスーパーマーケットの需要を獲得した1件だけだと言われています。それも顧客の側が強く要望したことに伴う"事故"のようなものでした。

その状況は、大震災、そして小売全面自由化により、大きく変わりました。その引き金を引いたのは業界の盟主として君臨してきた東電です。自由化を推進する政府の管理下に置かれたことで、従来の業界秩序のとらわれなくなったのです。**福島第一原発**の事故処理にかかる多額の費用をねん出するため、とにかく稼ぐしかない状況に追い込まれたこともあり、他社のエリアに積極的に進出しています。大口市場で安値攻勢を積極的に仕掛けるとともに、家庭市場でも全面自由化開始と同時に関西と中部に進出しました。

これに対し、家庭市場では、沖縄電力を除く8社が東電管内での電力小売を展開。大口市場でも、関西電力や中部電力は首都圏での顧客獲得に積極的です。大震災後2度の料金値上げにより地元・関西で大きな需要離脱に見舞われた関電は首都圏以外にも進出しました。それに対し、中部電も家庭市場を含めて関西に打って出るなど、相互参入の動きは全国に拡大してきています。大手電力同士の激しい安値合戦の前に、新電力は蚊帳の外という状況もあるようです。

長らく互いの不文律を守ってきた大手電力同士がどこまで真剣に需要を奪い合うか懐疑的な声もありましたが、古き良き業界秩序は本当に崩れたのかもしれません。

178

7-9 大手電力間競争

大手電力による域外進出の状況

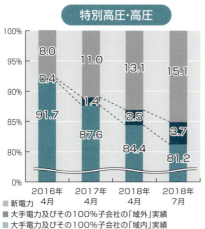
特別高圧・高圧

低圧

出典：電力取引報

域外における大手電力の契約口数の推移

特別高圧・高圧 [件]

	16年4月	16年8月	17年3月	17年7月	18年3月
北海道区域	196	232	430	504	570
東北区域	0	331	2,077	2,710	4,302
東京区域	1,162	1,594	3,513	4,245	5,873
中部区域	537	695	1,680	4,390	6,367
北陸区域	0	0	19	87	134
関西区域	3,301	3,739	3,729	4,011	4,557
中国区域	α	α	75	299	697
四国区域	0	0	83	291	761
九州区域	0	0	199	465	1,133
沖縄区域	0	0	0	0	0
合計	5,197	6,592	11,805	17,002	24,394

低圧 [件]

	16年4月	16年8月	17年3月	17年7月	18年3月
北海道区域	0	0	0	0	0
東北区域	0	0	173	213	261
東京区域	206	2,044	70,698	83,780	166,268
中部区域	0	7,755	18,201	21,458	24,188
北陸区域	0	0	0	0	0
関西区域	58	18,887	24,036	35,848	40,830
中国区域	0	0	0	α	α
四国区域	0	0	0	0	0
九州区域	0	0	0	0	88
沖縄区域	0	0	0	0	0
合計	264	28,686	113,108	141,307	231,643

（注）αは１～９件を意味する。

出典：電力取引報

7-10
電力・ガス取引監視等委員会

2015年9月に電力市場の競争監視を任務とした新たな規制機関が誕生しました。電力・ガス取引監視等委員会です。経済産業大臣直轄の組織で、電気工学や法律など各方面に通じた専門家5人で構成されています。

▶▶ 競争促進策の立案も担当

全面自由化により、市場取引や電気事業者の行動を監視する機能がこれまで以上に重要になりました。**東日本大震災**までは経産相の諮問機関の下に市場監視委員会が設けられていましたが、機能しているとは言い難い状況でした。そこで全面自由化の環境整備の一環として、新たな規制機関が設けられました。経産相直属の組織として2015年9月に設立された**電力・ガス取引監視等委員会**です。

経産省の中でエネルギー政策全般を所管する**資源エネルギー庁**から独立した立場で、小売・発電市場の監視や競争促進策の立案を行います。都市ガス市場の監視も担当します。委員は5人で、初代委員長は経済学者で電気事業に詳しい八田達夫氏です。他に、法律、会計、金融、電気工学の各分野の専門家が委員を務めています。

全面自由化に伴い多種多様な事業者が電気を販売するため、これまでの電力ビジネスでは想定していないトラブルが起こりかねません。取引監視委は、著しく不適切な料金設定や消費者に対する虚偽の説明など問題ある営業活動を行った小売事業者に業務改善命令などの行政指導を行なう権限があります。

発電市場の監視も重要な役割です。インサイダー取引や相場操縦などの不公正取引がないか継続的にモニタリングしています。インサイダー情報の定義など、そのためのルールは発足後に自ら策定しました。競争状況が不十分だと判断した場合には、その原因を分析したうえで競争促進策の検討も行います。**大手電力**の**日本卸電力取引所**（JEPX）取引における自主的取り組みについては、実効性向上のための措置を継続的に立案しています。

送配電部門の中立性がしっかり確保されているかも大切な監視事項です。全面自由化前には**託送料金**の審査を行ないました。その後も料金水準の妥当性などを定期的に事後評価しています。**調整力公募**の仕組みや実施状況に問題がないかもチェックしています。

7-10 電力・ガス取引監視等委員会

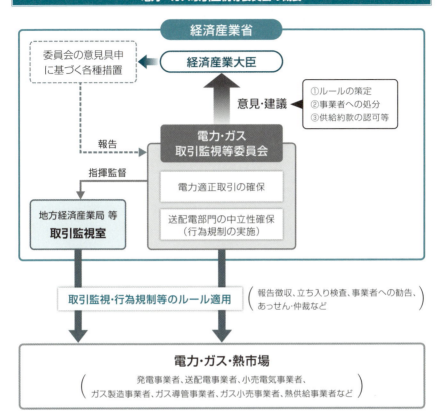

電力・ガス取引監視等委員会の概要

出典：電力・ガス取引監視等委員会HPより

委員一覧

	名前	専門	現職
委員長	八田達夫	経済	アジア成長研究所理事長／大阪大学名誉教授
委員	稲垣隆一	法律	弁護士（稲垣隆一法律事務所）
委員	北本佳永子	会計	EY新日本有限責任監査法人シニアパートナー
委員	林泰弘	工学	スマート社会技術融合研究機構機構長
委員	圓尾雅則	金融	SMBC日興証券マネージング・ディレクター

第7章 電力自由化

7-11
発送電分離

送配電部門の競争中立性の確保は、自由化された電力市場の健全な発展のために不可欠です。2020年4月には大手電力の送配電部門の分社化がとうとう実施されました。発電・小売部門との資本関係は残る法的分離です。

▶▶ 所有権分離には踏み込まず

発送電分離とは大手電力の中での送配電部門の独立性を高めるものです。発電・小売部門が市場原理に委ねられたのに対し、非競争財である送配電部門は自由化後も地域独占が認められています。そのため、一般送配電事業者の競争中立性を確実に担保することは、自由化政策において非常に重要な課題です。

小売り部分自由化後の2003年には**会計分離**が行われるとともに、送配電部門が業務を通じて知った情報を社内の他部門に伝えることを禁じるなどの措置が講じられました。ただ、公正な競争を担保するにはまだ不十分だという声は根強くありました。そのため、東日本大震災後に立案された電力システム改革により、大手電力は2020年4月に送配電部門を分社化することが決まりました。

大手電力のうち、沖縄電力は会社規模が小さいことから対象外になる一方、地域間連系線を複数所有するJパワーは対象に含まれました。国有化された東京電力は16年4月に自主的に分社化したことから、20年4月に発送電分離を実施したのは、東京と沖縄を除く大手電力8社とJパワーでした。

発送電分離の手法には発電・小売部門との資本関係を切り離す**所有権分離**もありますが、そこまでは踏み込みませんでした。そのため、大手電力に対して、①情報の適正な管理のための体制整備等、②社名、商標、広告・宣伝等に関する規律、③業務の受委託等に関する規律、④グループ内での取引に関する規律、④取締役等および従業者の兼職に関する規律—の5項目に関する規制をかけました。

例えば、発電・小売会社等への情報流出を防止するため、送配電会社には入室制限や情報システムへのアクセス制限などの措置を講じさせました。発電・小売会社と送配電会社が同一視されるおそれのある社名や商標の使用は禁じました。こうした措置でも送配電部門の中立性にまだ疑義が生じる場合には、所有権分離を求める声が高まるかもしれません。

7-11 発送電分離

発電・小売の子会社・孫会社への業務委託の取扱い

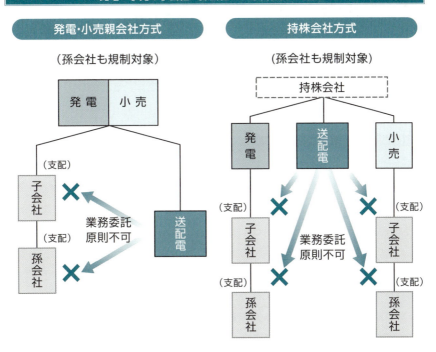

出典:電力・ガス取引監視等委員会資料

取締役等の兼職規制

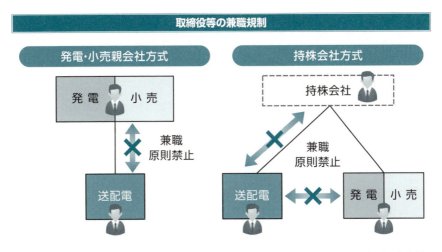

出典:電力・ガス取引監視等委員会資料

7-12
非化石電源の比率目標

国全体の温室効果ガス排出量削減のため、電力産業は大きな役割を果たす必要があります。電源構成に占める非化石電源の比率拡大は至上命題で、小売電気事業者には2030年度に44%という目標が課せられています。

▶▶ 自由化政策との両立が課題

電力はCO_2を大量に排出する産業セクターの一つです。日本が**パリ協定**で公約した温室効果ガスの削減目標を達成するには、電力の低炭素化が欠かせません。具体的には、日本全体の電力の1kWh当たりのCO_2排出量を30年に0.37kgまで下げなければいけません。ちなみに16年度実績は0.516kgです。

この目標を達成するため、大手電力と有力新電力は手を携えており、2016年2月に**電気事業低炭素社会協議会**を設立しました。会員数は19年8月時点で47社。新電力からは、東京ガス、大阪ガス、イーレックス、丸紅新電力などが加わっています。販売電力量ベースで約96%の事業者が参加しています。

経済産業省は発電と小売の両部門への規制により、0.37kgという目標を達成する道筋を描いています。発電部門には、省エネ法により火力電源の高効率化が課されています。一方、小売部門には、**エネルギー供給構造高度化法**により**非化石電源**の電気の一定比率の調達が義務づけられました。具体的には、30年度に販売する電気の44%を非化石電源にしなければいけません。44%とはようするに、30年度の電源構成目標における非化石電源、つまり原子力と再エネの比率を足した数字です。20年度からは中間目標が設定されています。

とはいえ、大規模水力や原子力を持たない新電力は、何らかの政策的支援がなければ、非化石電源比率44%の達成など不可能であることは誰の目にも明らかです。そこで経産省が創設したのが、電気そのものの価値（kWh価値）から非化石価値を切り離して取引する**非化石価値取引市場**です。

主な売り手は原発が再稼働した大手電力です。小売市場の公正競争を保つため、大手電力の発電部門は非化石価値の販売収入を自社の小売部門の競争力強化のために使ってはいけないことになりました。非化石価値取引の仕組みには他にも、自由化政策との両立などの観点から強い懸念が指摘されています。

7-12 非化石電源の比率目標

小売電気事業者の2018年度実績

非化石電源比率加重平均 **23%**

非化石電源種別	比率
水力	7%
原子力	6%
新エネルギー等	1%
非化石証書等	9%
合計	23%

2018年度実績

非化石電源比率	事業者数
40%〜	2
35%〜40%	1
30%〜35%	1
25%〜30%	1
20〜25%	3
15〜20%	1
10〜15%	14
5〜10%	36
合計	59

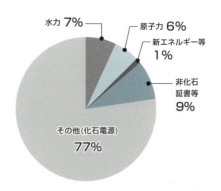

水力 7%　原子力 6%　新エネルギー等 1%　非化石証書等 9%　その他(化石電源) 77%

中間目標の設定

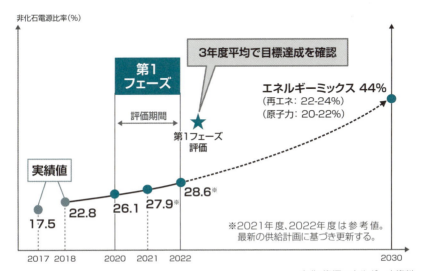

3年度平均で目標達成を確認

第1フェーズ　評価期間　第1フェーズ評価

エネルギーミックス 44%
(再エネ: 22-24%)
(原子力: 20-22%)

実績値
2017: 17.5　2018: 22.8　2020: 26.1　2021: 27.9　2022: 28.6※　2030

※2021年度、2022年度は参考値。最新の供給計画に基づき更新する。

出典:資源エネルギー庁資料

市民に対案を考えるヒマなどない

　原子力発電所の再稼働に反対という声に対して、対案を出さなければ無責任だという理屈がたまに聞かれます。本当にそうでしょうか。対案の提示を発言の"要件"として設けることは、意見表明のハードルを不要に高め、民主主義の成熟を阻害することになると懸念されます。

　現代社会は科学技術が生活に深く入り込み分業化・専門化が進んでいるため、ある分野の専門家もその他の分野では素人にならざるをえません。そのため、例えば政治学者の篠原一は、完全な市民を想定していたら市民など存在しなくなってしまうとして、「それなりの市民」で十分だと言います。それは「問題の発生したときに政治に参加し、またそれは継続して行うものでなくともよく、また参加するときもパートタイム的であればよい」存在です。

　原子力を含めて電力やエネルギーの問題はまさしく、高い専門性が求められる分野の代表です。こうしたややこしい問題について精緻な対案を作成するほど、"パートタイマー市民"である普通の人は、そもそもヒマではないのです。

　篠原とほぼ同世代で、政治における市民参加の重要性を唱えた政治学者の松下圭一も同様の認識を示しています。松下は、あらゆる人は、①普通人としての市民、②専門家としての職人、③サラリーマン化して収入をうるための労働者——という三面性を持っていると指摘しました。生活の糧を稼ぐ必要のある人々にとって、24時間365日、政治的課題について考えていることは不可能です。そのため、生活をめぐって問題解決が必要になった時には市民となって政治活動に取り組み、その問題が解決されれば「市民はまた『日常』にもどり、政治からの一時引退」となると考えました。

　投票に行くことだけが政治参加ではありません。代議制民主主義の機能不全がこれだけ露わになっている現在においては、より直接的な政治行動がむしろ期待されていると言えます。そして、世の中から上がるさまざまな声に真摯に耳を傾けて政策を立案することこそが、職業人として政治に携わる政治家や官僚の本来的な責務であるはずです。

第8章

電気料金

電気料金の仕組みの変遷を辿れば、電気事業の変化も知ることができます。大手電力に課せられた小売料金への規制は自由化が十分に進展した後に廃止されますが、その後に残る自由料金メニューは需要家が電気に対して求めるニーズが反映されるものになるでしょう。電気事業者に規律を与える存在が、政府による規制から市場原理へと完全に変わるわけです。新たな電力システムの下での電気料金の体系は、現在の標準的なものとは様変わりしているかもしれません。電気料金はいわば電気事業全体の縮図です。

図解入門
How-nual

8-1
料金規制

電気料金は地域独占の時代には完全に政府の規制下にありましたが、自由化の進展に伴い大手電力の裁量が徐々に認められています。現在は過渡期で、従来の規制料金と規制に縛られない自由料金が混在しています。

▶▶ 政府が妥当性をチェック

地域独占、**垂直一貫体制**とともに**9電力体制**の大きな特徴だったのが、電気料金への国の規制です。**大手電力**が地域独占を認められていたことは、市場原理による事業の効率性向上が期待できないことを意味します。一方、消費者はどんなに料金が高くても地元の電力会社と契約せざるを得ませんでした。そのため、大手電力がムダを抱え込んだり不当に高い利益を得たりしないよう、電気料金の妥当性を国がチェックし、認可していました。

自由化の制度改革が始まって以来、規制は段階的に緩和されていきました。2000年の小売部分自由化開始に合わせて、自由化対象になった特別高圧向け料金は規制が撤廃されました。高圧以下の料金も、値下げの場合には審査がない届け出制になりました。その後も、自由化範囲が拡大されるたびに、自由化対象に含まれた需要家向けの料金は規制が外れています。

ですが、2016年4月の**全面自由化**の際には、一般消費者を保護する観点から、新たに自由化範囲に含まれた低圧需要家向けの料金規制は存続しました。その後の規制料金は、**経過措置料金**とも呼ばれています。

一方、**新電力**の料金メニューには規制はかかっていません。また、大手電力も規制料金とは別に新電力に対抗するための**自由料金**メニューを設定することは可能です。オール電化住宅向け料金など、全面自由化前から存在していた特定の需要家向けの選択約款も、全面自由化後は自由料金メニューという扱いになりました。大手電力は規制料金メニューから自由料金メニューへの移行を顧客に促しています。

その結果、自由化の過渡期である現在は、規制料金と自由料金が混在する状況になっています。他に大手電力グループの一般送配電事業者が設定する最終保障料金メニューや離島向け料金メニューもあります。一口に電気料金と言っても、意外と複雑なのです。

8-1 料金規制

電気料金制度の変遷

第一次石油危機（1973年）

1974
- 三段階料金制度の導入等

1988
- 三段階料金制度の見直し等
- 季節別・時間帯別料金制度試行（大口産業用）

1996
- 経営効率化計画、定期的評価の導入等
- インセンティブ規制の導入（ヤードスティック方式）
- 選択約款の導入
- 燃料費調整制度の導入

2000
- 部分自由化の導入（特別高圧2000kW以上）等
- 選択約款の要件拡大
- 料金値下げ時等の届出制の導入

2004
- 段階的に自由化範囲を拡大（高圧（50kW以上））

東日本大震災（2011年）

2011
- 外生的費用増加時の届出制度の導入（FIT賦課金、消費税等）

2012
- 電源構成変分認可制度の導入

2015〜
電力システム改革
- 電力広域的運営推進機関設立
- 電力小売全面自由化
- 発送電法的分離

出典：資源エネルギー庁資料

第8章 電気料金

8-2
総括原価方式

規制料金の単価は、安定供給のために必要な経費と適正利潤に基づいて算出されます。総括原価方式と呼ばれる仕組みです。長期的視野に立った設備投資を可能にする仕組みである一方、負の側面もありました。

▶▶ 高い供給安定性を実現

総括原価方式とは、電気の安定供給に必要な経費（原価）を積み上げた上で、それにあらかじめ決められた適正利潤を上乗せして電気料金を算出する仕組みです。電気料金の算定に導入されたのは、戦前の1933年のことです。都市ガスや鉄道などの料金規制でも、同様の方式が採用されています。

必要経費は発電所の建設費や燃料費、社員の給料といった営業費などの項目に分けられます。**大手電力**は原価算定期間を設定し、その期間内に必要となる経費を算出。その総額を総需要で割った値が料金の平均単価になります。

電力会社から料金改定の申請があれば、申請した原価の中身に問題がないか政府が査定します。人件費の水準や燃料費の算定根拠、電力需要の見通しなどがチェックされます。電気料金水準は家計にも影響を与えるので、公聴会などにより消費者の意見を聞くことも認可プロセスに組み込まれています。

総括原価の仕組みは、電力需要の急激な伸びに対応した設備投資が必要だった高度経済成長期にはうまく機能したと言えます。確実な費用回収を制度的に保証したことで、大手電力が長期的視点に立った経営を行うことを可能にし、日本の電気の供給安定性は世界でも最高レベルのものになりました。莫大な初期投資が必要な大型発電所の建設は総括原価方式だったからこそ円滑に進みました。

ただ、政府によって認可された電気料金が本当に妥当なものかどうかは、第三者が見て最終的にはよく分かりませんでした。適正利潤は保有する資産に応じて決まるため、たとえば原発などの大規模な発電設備を作ったほうが電力会社の儲けが大きくなるという構造的な問題も指摘されました。

低成長の時代に入ると、諸外国に比べて高い料金水準に批判が出始めます。大手電力は多くのムダを抱えているのでは、と多くの人が疑うようになり、90年代半ばから電力自由化の制度改革が始まったのです。

8-2 総括原価方式

総原価と電気料金収入

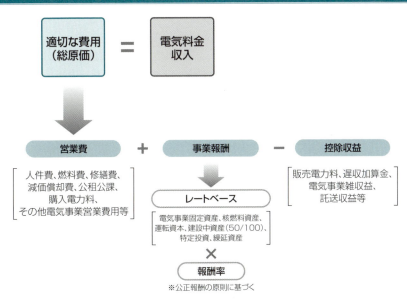

電気料金認可手続き

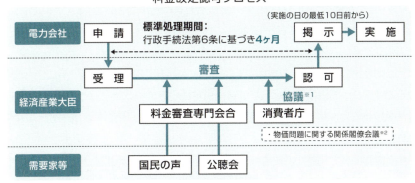

※1 物価担当官会議申し合わせ（平成23年3月14日）に基づく。
※2 物価問題に関する関係閣僚会議（内閣官房長官が主宰）について
● 構成員：総務大臣、財務大臣、文部科学大臣、厚生労働大臣、農林水産大臣、経済産業大臣、国土交通大臣、内閣府特命担当大臣（金融）、内閣府特命担当大臣（消費者）、内閣府特命担当大臣（経済財政政策）、内閣官房長官。
● 会議は、内閣官房長官が主宰。会議の庶務は、消費者庁の協力を得て、内閣官房において処理。

出典：消費者庁資料より

8-3

三段階料金制度

一般家庭向け規制料金の従量料金部分は料金単価が三段階に分かれています。一段階目は低所得者層に配慮して、政策的に単価を低く抑えています。三段階目は逆に、節電を促すため、割高に設定されています。

▶▶ オイルショック後に導入

電気料金は一般的に、基本料金と従量料金で構成されます。基本料金は、電気を使わなくても毎月かかるお金で、従量料金は1kWh使用するごとにかかるお金です。一般家庭向けの規制料金では、このうち従量料金について、使えば使うほど単価が上がる料金体系が採用されています。**三段階料金**制度と呼ばれる仕組みで、1kWh当たりの料金単価が三つに区分されています。一度にたくさん購入すればその分割り引かれるという商売の常識は電気の規制料金には通用しないのです。

三段階料金制度は、**オイルショック**後の1974年に導入されました。最も高い第三段階（毎月300kWh以上）の単価は、消費者に節電を促す観点から割高な水準に設定されています。一方、三段階の第一段階（毎月120kWhまで）は単価が低く抑えられています。電気は現代社会では生活必需品だからです。夜の灯りや冷暖房などは不可欠で、電気が使えなくなれば健康を害する危険性があります。そのため、比較的所得が低い層でも電気を一定量までは気兼ねなく使えるよう、政策的に配慮しているのです。

その間の第二段階（120kWh～300kWh）は、ほぼ平均的な費用に基づいた価格設定です。3段階の単価をならせば原価に基づいた価格水準になっています。同制度は総括原価の仕組みの中で節電などの社会的要請に応えるために頭を絞って考案されたものでした。

大手電力は料金規制が撤廃された後も当面は三段階料金制度に基づいた家庭向け料金メニューを維持する方針を表明しています。ただ、自由化が進展する中で、この仕組みはやがてなくなるはずです。一方で、低所得者層への配慮や節電を促す仕組みの必要性は存在し続けます。**地球温暖化**抑制の観点からは、家庭部門の節電の重要性は一層増しています。こうした政策目的と自由化をどう両立させるかは電力政策の大きな課題です。

8-3 三段階料金制度

三段階料金

三段階料金
①第一段階：ナショナルミニマムに基づく低廉な料金
②第二段階：ほぼ平均費用に対する料金
③第三段階：限界費用の上昇傾向を反映し、省エネにも対応する料金

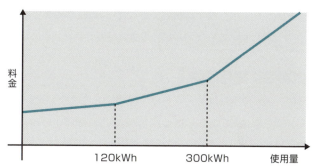

（例）東京電力エナジーパートナー　従量電灯B 料金単価

第一段階	第二段階	第三段階
19.52円/kWh	26.00円/kWh	30.02円/kWh

出典：資源エネルギー庁資料

家庭向け規制料金の各段階の需要家数比率の推移

（大手電力10社合計）

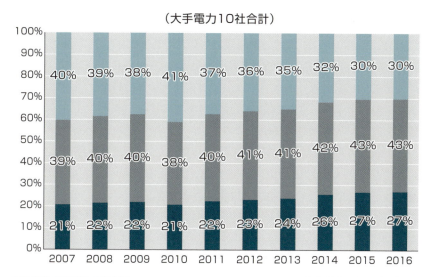

■1段階　■2段階　■3段階

出典：資源エネルギー庁資料

8-4
燃料費調整制度

料金原価の主要素である火力発電の燃料費は、石炭や天然ガスの輸入価格に大きく左右されます。日々の価格の変動に合わせて、料金単価を小まめに変えるわけにもいきません。そこで導入されたのが燃料費調整制度です。

▶▶ 電気料金に毎月反映

規制料金の改定には大きく分けて2種類あります。料金原価の中身を洗い直して電気料金を改めるのが「本格改定」です。これが値上げ時に政府の認可が必要な料金改定です。それとは別に、電気料金は変動しています。1996年に導入された**燃料費調整制度**によるものです。

燃調制度は、燃料費の変動を機械的に電気料金に反映する仕組みです。本格改定時に設定した基準燃料価格と実勢価格を比較して変動幅を決定します。新聞が「来月、全社が料金値上げ」などと報じるのは、この制度によるものです。小売事業者にとっては、燃料価格が跳ね上がった場合も需要家に自動的に転化できる大変ありがたい仕組みです。都市ガスにも原料費調整制度という同様の仕組みがあります。

なぜ燃調制度は導入されたのでしょうか。電気の過半をまかなう火力発電の燃料価格は常に変動しています。また、ほとんど全てを輸入に頼るため、為替レートにも影響を受けます。これらの要素は**大手電力**の経営努力を超えており、96年当時始まったばかりの自由化による大手電力の経営効率努力を正当に評価するために、外部化することが望ましいと考えられました。燃料価格の下落局面で大手電力が利益を溜めこまず、需要家に恩恵が確実に及ぶことも重要でした。

燃調制度による料金改定は毎月行われています。1〜3月の燃料価格の平均が6月分料金、2〜4月の燃料価格の平均が7月分料金、という形でひと月ごとに電気料金に反映されています。3か月ほどタイムラグが生じるのは、貿易統計で燃料の輸入価格が正式に確定するのを待つ必要があるためです。

このタイムラグにより、例えば年度をまたいで燃料費が上昇局面にある場合には利益を押し下げて決算が見かけ上悪くなります。いわゆる「期ずれ差損」（逆の場合は「差益」）ですが、翌年度はその分利益（損失）が出るため長期的にはプラスマイナスゼロです。

8-4 燃料費調整制度

燃料費調整の仕組み

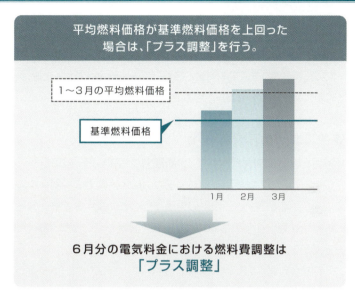

平均燃料価格が基準燃料価格を上回った場合は、「プラス調整」を行う。

6月分の電気料金における燃料費調整は
「プラス調整」

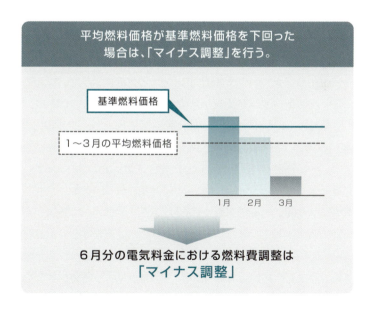

平均燃料価格が基準燃料価格を下回った場合は、「マイナス調整」を行う。

6月分の電気料金における燃料費調整は
「マイナス調整」

8-5
自由料金メニュー

全面自由化により大手電力も含めた多くの小売事業者によって家庭向けの料金メニューが新たに作られました。規制料金と区別して自由料金メニューと呼ばれますが、その大半は規制料金の体系を模倣したものです。

▶▶ ざん新なメニューも徐々に登場

2016年4月の**全面自由化**に合わせて、**新電力**が発表した一般家庭向けの電気料金メニューのほとんどは、**総括原価方式**に基づいた**大手電力**の規制料金の体系を模倣するものでした。基本料金と三段階の単価からなる従量料金で構成する二部料金制で、基本料金や従量料金を大手電力よりも安く設定しています。燃料費調整の仕組みも組み込んでいます。

例えば、一般家庭市場への新規参入者で最も顧客を獲得している東京ガスは基本料金を東京電力エナジーパートナーの規制料金に揃える一方、従量料金は割安にすることで顧客メリットを出しました。逆の対応を取った会社もあります。西部ガスは従量料金単価を九州電力の規制料金と揃える一方、基本料金を割安にしました。こうしたメニューは消費者が比較しやすいという利点がある反面、面白みに欠け、消費者の多様な生活スタイルや価値観に応えているとは言いがたい状況でした。

ですが、従来の常識に捉われないざん新な料金メニューも徐々に登場しています。たとえば、新電力大手のFパワーは「市場連動型料金メニュー」を提供しています。これは従量料金単価が**日本卸電力取引所**（JEPX）の取引価格に連動して毎月変動するものです。他にも基本料金を無料にした完全従量料金のメニューや、特定の時間を無料にするメニューなどが新電力によって考案されています。

迎え撃つ側の大手電力も知恵を絞っており、省エネや環境への意識が高い消費者向けのメニューを用意しています。例えば、北陸電力は夏季などの需要期に節電に協力することで料金を割り引く**デマンドレスポンス**（DR）サービスを導入しました。該当するプランで契約した消費者には、猛暑などにより需要が伸びると北陸電が予想した時間帯の使用量を基準量から減らした分だけ、料金を割り引きます。また、四国電力は水力発電などCO_2フリーの**再生可能エネルギー**の電気だけを供給するメニューを提供しています。

8-5　自由料金メニュー

新電力の料金メニューの状況

新電力が採用する料金メニュー体系

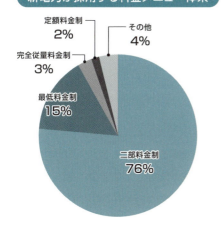

- 定額料金制 2%
- その他 4%
- 完全従量料金制 3%
- 最低料金制 15%
- 二部料金制 76%

料金メニューの概要

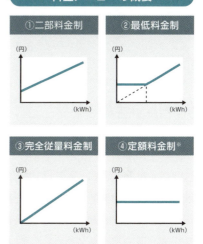

① 二部料金制
② 最低料金制
③ 完全従量料金制
④ 定額料金制※

出典：電力・ガス取引監視等委員会「電力取引報」

料金メニューの比較

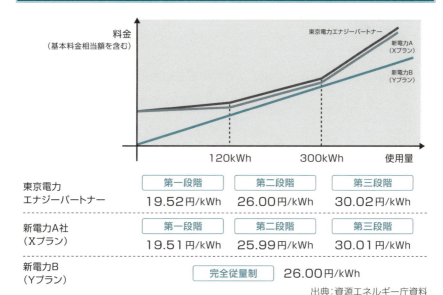

	第一段階	第二段階	第三段階
東京電力エナジーパートナー	19.52円/kWh	26.00円/kWh	30.02円/kWh
新電力A社（Xプラン）	19.51円/kWh	25.99円/kWh	30.01円/kWh
新電力B（Yプラン）	完全従量制	26.00円/kWh	

出典：資源エネルギー庁資料

第8章　電気料金

8-6

国内外の料金水準比較

日本の電気料金は今も諸外国に比べて比較的高い水準にあります。日本の中でも大手電力によって料金水準は異なります。国内の価格差は自由化後、縮小傾向でしたが、東日本大震災後は再びバラツキが拡大しています。

▶▶ 国際的にはまだ高水準

かつて世界一高いとも言われた日本の電気料金は、自由化により確実に下がりました。**大手電力**10社の平均単価は、自由化開始前の1994年度と比較して、17年度は約14%下がっています（**再生可能エネルギー発電促進賦課金**の影響は除く）。さらに大手電力の自助努力が及びづらい燃料費を除いて比較すれば、31%も低下しています。この点から見れば、本格的な市場競争は起きなかったものの、部分自由化の成果は一定程度あったと言えます。

ただ、原発の稼働停止の影響で、**東日本大震災**後は上昇傾向にあります。海外との比較でも、まだまだ電力コストが高い国の方に含まれます。家庭用料金はドイツやイタリアよりは安くなりましたが、米国や韓国には到底及びません。産業用料金は主要国ではイタリアに次いで高い水準です。

国内の料金水準も一様ではなく、大手電力によって料金単価は当然違います。自由化開始前の94年時点では、9電力の中で最も安い会社と最も高い会社のkWhあたりの価格差は3.55円ありました。それが部分自由化開始から5年が経った2005年には1.41円にまで縮小しました。ですが、この内々価格差も大震災後には再び拡大する傾向にあります。

原発への依存度や再稼働の状況によって、各社の経営体力に大きな差が生じているからです。10社のうち、大震災後に規制料金を2度値上げしたのが北海道電力と関西電力の2社、1度値上げをしたのが東北電力、東京電力エナジーパートナー、中部電力、四国電力、九州電力の5社、一度も値上げしなかったのが北陸電力、中国電力、沖縄電力の3社です。

このうち関電はその後原発が再稼働したことで17年、18年と2度にわたって値下げを実施し、価格競争力を回復しました。九電も再稼働を目指した原発全てが動いたことを受け、19年4月に値下げを行いました。

8-6 国内外の料金水準比較

電気料金の国際比較

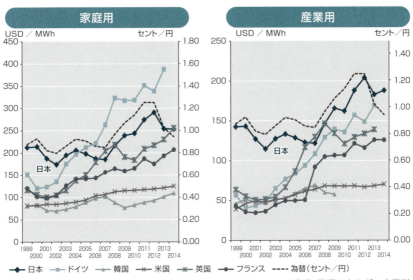

出典：資源エネルギー庁資料

大手電力の電気料金改定状況

	2012年度	2013年度	2014年度	2015年度	2017年度	2018年度	2019年度
北海道		9月 7.73%	(11月 12.43%)	4月 15.33%			
東 北		9月 8.94%					
東 京	9月 8.46%						
中 部			5月 3.77%				
北 陸	規制部門における改定はなし						
関 西		5月 9.75%		(6月 4.62%) 10月 8.36%	8月 ▲3.15%	7月 ▲4.03%	
中 国	規制部門における改定はなし						
四 国		9月 7.80%					
九 州		5月 6.23%					4月 ▲1.09%
沖 縄	規制部門における改定はなし						

※2010年度以降の、規制部門の改定状況。※( )は直近の改定後の料金からの激変緩和のための段階的値上げによる変化率。※北陸電力は、自由化部門のみの値上げを2018年4月1日に実施している。

出典：資源エネルギー庁資料

8-7
料金規制の撤廃

一般家庭など低圧需要家への料金規制は早ければ2020年3月末に撤廃される可能性がありましたが、全エリアで見送られました。大手電力に伍する新電力がまだ十分に育っていないことなどが理由です。

▶▶ 競争の進展状況などで判断

大手電力の小売部門に対する一般家庭など低圧需要家向けの料金規制は、全面自由化の実施と同時には撤廃されませんでした。市場が開放されても即座に複数の新電力が事業を開始し、十分な競争状態が現出するとは考えられなかったからです。卸市場の活性化など様々な環境整備が効果的に行われないと、各エリアの大手電力の「規制なき独占」に陥る可能性が懸念されました。

料金規制が完全に撤廃されるのは、早くても**発送電分離**の実施と同時で、全面自由化から丸4年が経過した20年3月末でした。そのタイミングで撤廃することの是非は、**電力・ガス取引監視等委員会**の有識者会合で検討されました。検討は、①消費者等の状況、②十分な競争圧力の存在、③競争の持続的確保—という3つの観点から行なわれました。

3つの観点のうち、②については「エリア内のシェアが5％を超えた新電力が2社以上存在する」という具体的な目安を定めましたが、競争が比較的進んでいる東京電力エナジーパートナーや関西電力のエリアもこの条件を満たしていませんでした。③の競争の持続性の確保についても、発電市場において大手電力等による寡占状態が続いていることなどから、まだ不十分と判断されました。そのため、全エリアで規制の存続が決まりました。

監視委は今後年1回程度、競争の進展により規制撤廃の可能性が見込まれるエリアを選定し、3つの観点から再審査を実施します。その結果、規制が不要と判断されたエリアから順次、指定が解除されます。ただ、料金規制は一回撤廃したら原則的には再規制することはできないため、その判断はどうしても慎重になるでしょう。

なお、経過措置料金には一般家庭向け料金以外にも、農事用や公衆街路灯、土木工事などで使われる臨時用途のメニューがあります。これらも一般家庭向けメニューと一体で規制撤廃の是非が判断されます。

8-7 料金規制の撤廃

料金規制の撤廃

経過措置の解除要件

（1）電力総需要量に占める大手電力以外の小売電気事業者が供給を行っている需要量の比率

（2）大手電力の供給区域内における、他の大手電力の参入状況

（3）自由料金（大手電力が経過措置約款に基づき供給する際の料金以外）で電気の供給を受けている低圧需要の比率

※（1）～（3）については、大手電力がその子会社や提携する新電力を通じてエリア（大手電力の供給区域）内の需要家に電気の供給を行っている場合には、電源の調達先や料金メニューの差別化等の実態を踏まえた上でこれらを評価するべき。

（4）スマートメーターの普及状況（設置数の需要家全体に占める割合等）

（5）小売全面自由化後の電気料金の推移や、需要家の小売全面自由化に対する認知度評価、卸電力取引所の活用状況等その他判断の参考となる基礎的なデータ

出典：資源エネルギー庁資料より

第8章 電気料金

地域別の家庭向け経過措置料金比率

契約口数ベース（2017年3月末時点）

	経過措置料金	自由料金
北海道電力	92%	8%
東北電力	91%	9%
東京電力エナジーパートナー	91%	9%
中部電力	79%	21%
北陸電力	81%	19%
関西電力	86%	14%
中国電力	71%	29%
四国電力	84%	16%
九州電力	83%	17%
沖縄電力	94%	6%
10社計	86%	14%

使用電力量ベース（2016年度）

	経過措置料金	自由料金
北海道電力	74%	26%
東北電力	73%	27%
東京電力エナジーパートナー	77%	23%
中部電力	65%	35%
北陸電力	54%	46%
関西電力	72%	28%
中国電力	52%	48%
四国電力	65%	35%
九州電力	64%	36%
沖縄電力	85%	15%
10社計	70%	30%

※離島供給、最終保障供給分を除く　※旧選択約款を自由料金に含めて算出　出典：電力・ガス取引監視等委員会資料

201

8-8
最終保障・離島供給

電気は日常生活に欠かせない財です。そのため、どの小売事業者からも電気を買うことができない人がいてはいけません。全ての需要家に最終的に電気を送ることは料金規制撤廃後、一般送配電事業者の責務になります。

▶▶ 送配電事業者が"最後の砦"

地域独占の時代には当然のことながら、大手電力に全ての需要家に対して電気を供給する最終保障義務が課されていました。料金規制が残っている間は大手電力の小売部門に同様の義務が実質的に残っています。

問題は料金規制が完全に撤廃された後です。新電力と法的に全く同じ存在になる大手電力の小売部門はもう手を差し伸べてくれません。とはいえ、例えば契約していた小売事業者が倒産した場合など、消費者が次の小売事業者を探すまでの間、電気を使えないのでは困ります。電気の供給停止は場合によっては生命にも直結する大問題になるからです。

でも、安心してください。小売への料金規制がなくなった後は、地域独占で事業を営む各エリアの一般送配電事業者が、何らかの理由で小売事業者との契約を結べていない需要家に対する電気の最終的な送り手になります。

ただ、あくまで救済措置であるため、需要家は新たな小売事業者とできるだけ早く契約することが求められます。一般送配電事業者が販売する最終保障供給の料金水準は政府によって規制されており、決して安くありません。

一般送配電事業者は全面自由化後、電力系統が独立している離島での小売供給も務めています。離島の電源は基本的に重油燃料のディーゼル発電で系統電力に比べてコストがかかりますが、消費者保護の観点から本土と遜色ない料金で電気を販売しています。そのため、制度的には離島でも新電力の参入は可能ですが、現実には小売競争が起きることを期待することはできないのです。

離島供給に要する費用は、託送料金で回収されます。そのため、九州電力や沖縄電力など離島を多く抱える大手電力の託送料金は相対的に高くなってしまいます。離島供給をユニバーサルサービスとして捉えるなら、費用の割高分はエリア内の離島の数に関わらず全国の需要家が平等に負担すべきだとの指摘もあります。

8-8 最終保障・離島供給

料金体系全体における最終保障・離島供給の位置づけ

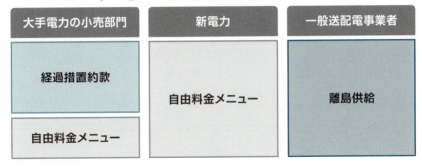

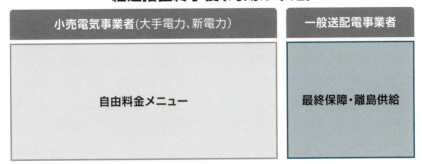

出典：資源エネルギー庁資料

8-9
再エネ賦課金、電源開発促進税

電気料金には需要家が使用した電気代以外の費用も含まれています。再生可能エネルギーの固定価格買取制度 (FIT) の賦課金や、原発など新たな発電所の開発の原資などとして使われている電源開発促進税などです。

▶▶ 特別会計の財源に

電気料金の請求書を丁寧に見ると**再生可能エネルギー発電促進賦課金**という費目に気づくはずです。**FIT**制度に基づく再エネの買取費用から小売事業者が負担する**回避可能費用**分を引いた額は、全ての需要家が広く薄く負担しています。それがこの賦課金です。毎月の電気料金に上乗せされており、単価は買取価格等をもとに年間の再エネ導入量を推測して毎年度決められます。再エネの導入拡大に伴って年々上がっており、2019年度は1kWhあたり2.95円でした。

電源開発促進税は1kWhあたり約0.4円が電気代に上乗せされ、全需要家が負担しています。この特別税を財源とし、電源開発促進のための特別会計を財布として立地自治体にお金を配分する仕組みが、地元住民に原発の立地を受け入れてもらう際に大きな役割を果たしてきました。いわゆる**電源三法交付金**です。電源三法とは「電源開発促進税法」「電源開発促進対策特別会計法」「発電用施設周辺地域整備法」の3つの法律を指します。

電源三法交付金は原発だけに使われているわけではありません。水力発電など他の電源にも支出されます。FIT制度の買取費用の一部も賄っています。電力の需給構造の大きな変化により送配電網の高度化が求められている現在、交付金のあり方は改めて検討される必要があるかもしれません。

電促税は**全面自由化**後、送配電事業者が納税義務者となり**託送料金**を通じて課税されています。ただ、託送料金を通じて、というのが実は曲者です。託送料金は**総括原価方式**が残り、小売料金のように競争にさらされません。それゆえに行政や事業者にとって"打ち出の小槌"になりかねないからです。実際、原発の使用済み燃料の再処理費用の一部は、**新電力**の顧客も負担すべきとの理屈から託送料金を通じた回収が20年9月まで行われています。その後入れ替わるかたちで、原発廃炉費用の一部の託送料金への上乗せが始まる見込みです。

8-9 再エネ賦課金、電源開発促進税

FIT導入後の賦課金等の推移

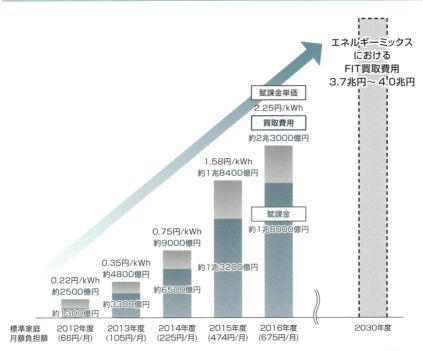

出典:資源エネルギー庁資料より

電源開発促進税の用途

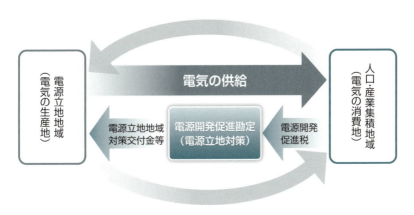

出典:資源エネルギー庁資料より

8-10
託送料金

送電線の使用料である託送料金は、小売全面自由化後も政府の規制がかかります。送配電事業は地域独占が続くためです。料金水準が適正であることは、小売市場の公正競争の観点から大変重要です。

▶▶ 妥当性を定期的にチェック

託送料金とは、送電線の使用料金のことです。電気を顧客に販売する**小売電気事業者**は、送電線を所有する一般送配電事業者に託送料金を支払う必要があります。それは大手電力の小売部門も同じで、**新電力**と同様の料金体系で、自社グループの送配電会社に料金を支払っています。

託送料金も小売の規制料金と同じように、基本料金と従量料金で構成されています。また、需要側の電圧ごとに単価が分かれています。特別高圧の料金が最も安く、高圧、低圧の順に高くなります。特別高圧の需要家は電力供給を受ける際に高圧や低圧の設備を使用していないため、その分のコストは負担する必要がないためです。マンションへの高圧一括受電サービスを提供する事業者は、この高圧と低圧の託送料金の価格差を利用しているわけです。

自由化により新規参入者との競争下に置かれた大手電力の小売部門や発電部門と違い、一般送配電事業は今後も**地域独占**が続きます。託送料金は部分自由化の時代にはなぜか届け出制でしたが、**全面自由化**に合わせて政府の認可制になりました。**電力・ガス取引監視等委員会**は全面自由化を控えた2015年後半に大手10社の送配電部門が提出した託送料金の妥当性を集中的に審査し、10社が申請した費用の一部は計上が認められませんでした。

一度認可を受ければ、その価格がずっと認められるわけでもありません。監視委は毎年度、認可した料金の事後評価を行ないます。その結果によっては、料金変更命令が発動されます。超過利潤の累積額が一定の水準を超えるか、想定単価と実績単価のかい離率が一定比率を超過するというのがその条件です。

こうした条件に該当しなくても、小売料金の低廉化のため、一般送配電事業者は継続的なコスト削減努力を求められています。調達コスト低減のため、各社バラバラだった機器や設備の仕様の統一などが進められています。

8-10 託送料金

小売事業者から見たお金の流れ

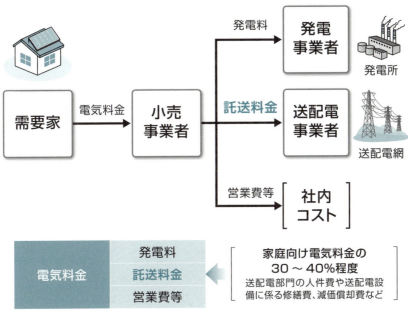

出典：資源エネルギー庁資料

料金変更命令の発動条件

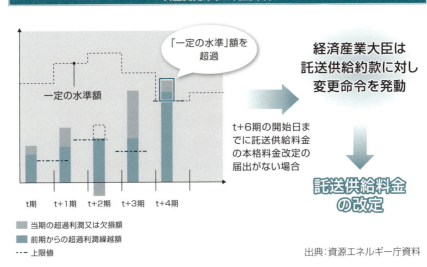

出典：資源エネルギー庁資料

8-11

託送料金改革① 発電側基本料金

現在の託送料金制度は、大型発電所にもっぱら依存している従来型の電力システムに適合的な仕組みです。分散型電源の導入拡大などシステムの進化に対応するため、発電事業者への課金などの改革が行なわれます。

▶▶ 分散型電源の増加に対応

託送料金制度は2023年度、系統利用者のうち現在は小売電気事業者だけが支払っている託送料金の一部を発電事業者も負担するように見直されます。系統に電気を流す発電設備は原則的に全て課金対象ですが、住宅用太陽光など逆潮流が10kW未満の小規模設備は、集金業務が煩雑になることから当面は対象外です。発電容量に応じた負担になる方向ですが、設備利用率の低い再生可能エネルギーの負担が相対的に重くなるとの懸念が強まり、最終決定には至っていません。

制度を見直す目的の一つは、再生可能エネルギーなど分散型電源の導入拡大への対応です。現行制度は、大型発電所を消費地から遠く離れた場所に作り特別高圧の長距離送電網により電気を運ぶという従来型の電力システムを前提に設計されています。そのため、発電設備は特別高圧の送電線と連系されることを暗黙の前提としており、料金体系は「需要地の電圧別課金」という基本原則に基づいています。つまり、料金単価は需要側の電圧だけで区分され、発電側の電圧は考慮されていないのです。

分散型電源の導入量が拡大する中、こうした料金体系への疑念が出ていました。例えば、低圧連系の分散型電源から近隣の低圧需要家に電気を送る場合、電気は高圧以上の設備を通過しないため単価は安くなっても良さそうですが、現在の料金体系では低圧需要家向けの最も高い単価が適用されてしまいます。

分散型電源の託送料金を安価に設定する根拠は主に2つあります。1つは送電ロスの低減です。分散型電源が需要地に立地すれば、遠くから運ぶ電気の量はその分減るため送電ロスは少なくなります。もう1つは、上位系統の設備のスリム化です。分散型電源の導入拡大により上位系統を流れる電気の量が減れば、それら設備への投資額の抑制につながります。**発電側基本料金**の導入に伴い、こうしたメリットが認められるエリアに立地した電源の託送料金を割り引く仕組みも導入されます。

8-11　託送料金改革①　発電側基本料金

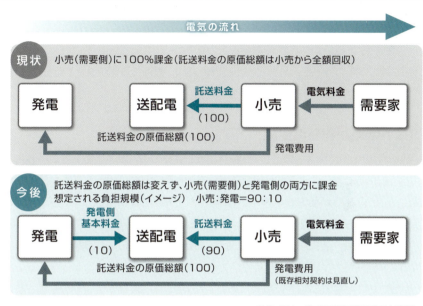

出典：電力・ガス取引監視等委員会資料

立地地点に応じた割引制度の導入

需要地の近隣での電源立地
送配電網の追加増強コスト：小

需要の遠隔地での電源立地
送配電網の追加増強コスト：大

➡ 発電側基本料金の負担額を軽減
　【割引A】：基幹系統投資効率化・送電ロス削減割引
　【割引B】：特別高圧系統投資効率化割引（高圧・低圧接続割引）

出典：電力・ガス取引監視等委員会資料

8-12

託送料金改革② レベニューキャップ方式

一連の託送料金制度改革では、料金算定の基本ルールを総括原価方式から、一般送配電事業者の収入の上限を規制する方式に変更します。設備投資費が増える局面でも、託送料金を最大限抑制することが狙いです。

▶▶ コスト低減が利益に直結

託送料金制度改革の一環として、**レベニューキャップ（収入上限）方式**が導入されることになりました。託送料金の算定にあたって現在は、収入と支出が原理的に常に一致する総括原価方式を採用しており、料金原価の認可後はコストを削減する誘因が一般送配電事業者に働きませんでした。それに対して、レベニューキャップ方式は一定期間ごとに収入の上限を設定する仕組みで、一般送配電事業者にとってはコスト低減努力が利益の増加に直結するという魅力があります。

なぜこのような見直しが行なわれるのでしょうか。高度経済成長期に整備された送配電ネットワークは今後更新する必要が出てきます。新たなネットワークは再生可能エネルギーの大量導入に対応する必要があり、単なる設備更新以上の費用がかかります。また、省エネの進展や人口減少により電力需要が減少することも託送料金単価の上昇要因になります。一方で、一般送配電事業者は経営効率化による託送料金水準の抑制が強く求められています。この二律背反の状況を克服できる託送料金の仕組みが求められていたのです。

新制度の大枠は固まっています。収入の上限は、一般送配電事業者の設備更新計画などに基づき、公開の場での審査を経て設定します。その際、海外等の事例を参考に、生産性向上の見込みを一定程度織り込みます。事業者の自助努力が及ばない外生的要因による費用の変動は機動的に収入上限に反映させます。

今回の制度改革で見直される仕組みは他にもあります。例えば、小売事業者に課す託送料金の基本料金と従量料金の比率も見直されます。送配電関連費用は設備投資費など固定費が8割を占める一方、現在の料金体系では基本料金による回収率は3割にとどまっています。そのため、需要の減少により一般送配電事業者が固定費を回収しきれなくなる懸念がありました。そこで基本料金の従量料金に対する比率を引き上げ、投資回収の確実性を高めることにしました。

8-12 託送料金改革② レベニューキャップ方式

送配電網への投資が今後増える

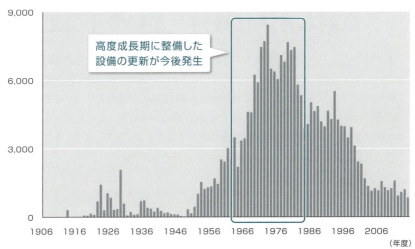

2015年度末に現存する鉄塔(66kV〜500kV)の製造年度別分布

高度成長期に整備した設備の更新が今後発生

出典:電力・ガス取引監視等委員会資料

託送コストの回収構造の是正

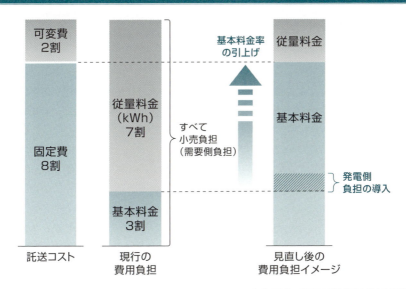

出典:電力・ガス取引監視等委員会資料

"規制なき現状維持"という不安定

　大手電力にとって、経過措置として存続している一般家庭など低圧需要家向けの料金規制の撤廃は悲願だと言えます。10社のうち7社は東日本大震災後に料金値上げを申請しましたが、その際には公開の場で経営効率化の取り組みなどについてアレコレ注文を付けられました。規制が残ったままでは、値上げを余儀なくされる何らかの事情が再び生じた際にまた低頭平身の姿勢で許しを請う必要が出てきます。そう考えるだけで気持ちは塞がるというのが人情というものでしょう。

　だからなのか、大手電力は規制撤廃に対して不安や懸念を抱く声に対して「規制がなくなっても当面は今の料金メニューをなくしません」と公に表明することで、規制撤廃の障害をなくすことに腐心しています。まずは実を捨てて名を取ることで、規制の撤廃を実現したいのでしょう。

　大手電力が当面の存続を表明したメニューとは具体的に、一般家庭向けの三段階料金メニューと農家や土地改良区の運営団体が利用する農事用メニューです。いずれも低所得者への配慮という福祉政策、あるいは国内の農業振興という農業政策の側面があり、同様の政策目的を担う何らかの代替措置がなければ規制の撤廃は困難だと指摘されていました。

　大手電力の表明により政策当局は一筋縄にはいかない代替措置の検討を急ぐ必要はなくなりましたが、だからと言っていつまでも現状のままでいいわけではありません。低所得者層への配慮も農業振興も大事な問題ですが、その手段の一つとして電気料金を用いることは、地域独占の時代ならいざ知らず、自由化後の現在においては市場を歪ませる要因になるからです。三段階料金については、電気の使用量と経済的裕福さは必ずしも正の相関関係にないとの指摘もあります。

　大手電力の表明はあくまでも「当面の存続」です。"規制なき現状維持"という不安定な状況では結局、該当する料金メニューを利用する需要家がリスクを負うことにもなります。そう考えれば、政策当局は大手電力が自主的にメニューを存続することに甘えず、必要な代替措置を速やかに検討すべきでしょう。

第9章

電力市場

　発電事業者や小売事業者が電気を売買する市場は、自由化の進展に伴って段階的に整備されてきました。全面自由化後にはさらに多くの市場の創設が決まり、段階的に取引が開始されています。一口に電気と言っても、取引される価値が細分化されているためです。こうした制度の方向性が電力システムをますます複雑化し、多くの人にとって難解になるという面は否めませんが、各市場が公平・公正に運営され、取引が活発に行なわれることは、新たな電力システムが最大限効率的に機能するためにも大変重要です。

9-1
電力市場の基本

事業者間で電気を売買する電力市場の構造は、徐々に複雑化しています。自由化の進展や再生可能エネルギーの導入量拡大により、参加する事業者数が増え、発電設備の数も大きく増加しているからです。

▶▶ 自由化により「市場」が生まれた

自由化以前の**9電力体制**の時代には、複数の事業者が経済原理に基づいて恒常的に電気を取引する場という意味での「市場」は、そもそも存在しませんでした。発足以来、**地域独占**を認められてきた**大手電力**各社にとって、自社の需要を賄うための電気を自社で作ることは大原則で、電気は基本的に各エリアで自給自足されていたからです。

他方、火力発電所と原子力発電所は技術開発により大規模化の道を辿りました。そのため、日本に存在する商用発電所のほとんどは大手電力によって作られた大型電源になりました。Jパワーや日本原子力発電といった**卸電気事業者**の発電所や、地方自治体が保有する水力発電所などが例外的にありましたが、電気の売り先は小売事業を独占的に営む各地の大手電力以外にないことから、大手電力の供給力の一部に組み込まれていました。

その結果として、自由化以前の電力「市場」とは、エリアごとに電気の売り先が固定された大型発電所が数えられるレベルで存在するという極めて単純な構図でした。こうした状況が、自由化の進展と**再生可能エネルギー**の導入拡大により、大きく変わっています。小売自由化により電気の売り先は多様化しました。発電自由化の効果は限定的でしたが、その後1基当たりの発電容量が小さい再エネの導入が進むことで、発電設備の数は全国各地に無数に散らばるようになりました。

取引される電気の価値の細分化も進んでいます。従来の市場での電気の取引単位はkWhです。ようするに実際にエネルギーとして消費される電気が取引対象でした。ですが今後は、再エネの導入拡大に主に対応した電力システム改革の流れの中で、発電できる能力**kW価値**や、需給一致のための調整力**ΔkW価値**が**kWh価値**とは別に取引されるようになります。また、CO_2フリーの電気の**非化石価値**も他の価値から切り離されて売買されます。

9-1 電力市場の基本

市場の基本的な構造

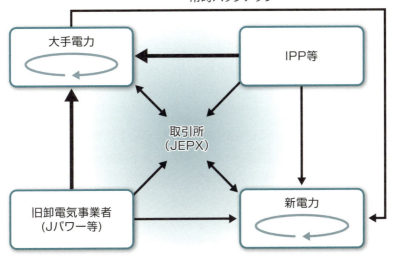

出典：電力・ガス取引監視等委員会資料

電気の価値と取引される市場

価値	価値の概要	卸電力市場（スポット、時間前、先渡）	容量市場	需給調整市場	非化石価値取引市場
kWh	実際に発電された電気	○		○	
kW	将来の発電能力（供給力）		○		
ΔkW	短期間の需給調整能力			○	
非化石	非化石電源で発電された電気に付随する環境価値				○

出典：資源エネルギー庁資料

第9章 電力市場

9-2
発電自由化

電力自由化では、小売事業に先立って発電事業の規制が緩和され、電源の入札制度が創設されました。これにより大手電力の発電コスト低減という目的は一定程度果たされました。東日本大震災後には新たな入札制度が作られました。

▶▶ IPPの登場

1995年に**電気事業法**が31年ぶりに改正され、第一次の制度改革が実施されました。その最大の目玉が発電部門の自由化です。**大手電力**が基本的に自社で全て行ってきた発電事業の担い手を広く募集する「独立発電事業者（**IPP**：Independent Power Producer）制度」が導入されました。

発電した電気は地元の大手電力が買い取るため事業リスクは低く、96年に実施された最初の入札には、**自家発電**設備の運転ノウハウを持つ製鉄会社や石油会社などが参加しました。入札価格の中には大手電力の実績より3割程度も安いものもあり、発電部門に競争原理を持ち込むことで大手電力に効率化を促すという効果はさっそく得られました。

2000年には全ての新設火力電源を対象とする全面入札制度が導入されましたが、小売部分自由化の開始や**日本卸電力取引所**（JEPX）の創設決定など一連の制度改革の中で03年に廃止されました。最後の入札は02年でした。

自由化政策の主眼はその後、小売部門に移ります。発電市場における自由化の話題としては、東京ガスや大阪ガス、新日本石油（現ENEOS）といったエネルギー事業者が資本関係のある**新電力**などに向けた大型電源を建設しましたが、新電力シェアが伸び悩む中、そうした動きは限定的なものにとどまりました。

火力電源入札は**東日本大震災**後、実質的に復活しました。原発の停止により電気料金の上昇が避けられなくなる中、発電コストを最大限抑制するためです。大手電力は出力1,000kW以上の火力発電所を建設する場合、原則的に入札することが定められました。ただ、同制度は歴史的役割を実質的に終えたと言えます。全面自由化を契機に卸市場の流動性は増し、大手電力の発電部門にも市場原理による効率化圧力がかかるようになっているからです。20年2月のガイドライン改定により、入札を実施するかどうかは各社が判断できることになりました。

9-2 発電自由化

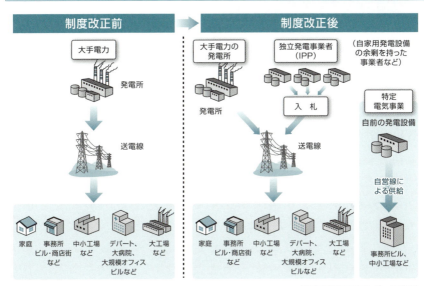

出典：資源エネルギー庁資料

東日本大震災後の主な入札実施事例

	東北電力	東京電力	中部電力	関西電力	九州電力
出力規模	120万kW (60万kW×2)	600万kW (平成24年度入札 (260万kW)の未達分 (192万kW)を含む)	100万kW	150万kW	100万kW
供給開始	2020〜21年度 2023〜24年度	2019〜23年度	2021〜23年度	2021〜23年度	〜2021年6月
入札開始	平成26年8月6日	平成26年8月11日	平成26年7月30日	平成26年8月4日	平成26年7月31日
入札締切	平成26年11月14日	平成27年3月31日	平成26年11月28日	平成26年11月28日	平成26年11月19日
応札状況	・石炭56.9万kW (自社) ※東北電力、能代3号 (石炭60万kW) ・天然ガス 51.6万kW(自社) ※東北電力、上越2号 (天然ガス60万kW)	・石炭9件、 LNG1件： 合計453万kW	・石炭100万kW (自社) ※中部電力、武豊(老朽 石油火力(運開後42 年)112.5万kWの リプレース)	・石炭122.1万kW (製造業(鉄鋼)) ※神戸製鋼、神戸(石炭) 130万kWの新設)	・石炭94.1万kW (自社) ※九州電力、松浦2号 (石炭100万kW)
落札候補者 決定	平成26年12月下旬	平成27年4月	平成26年12月下旬	平成27年2月上旬	(明記なし)
落札者決定	平成27年1月29日	平成27年8月	平成27年1月29日	平成27年2月16日	平成27年2月16日

出典：環境省資料より

第9章　電力市場

9-3
発電市場の構造

発電市場では大手電力の存在感が今も圧倒的です。自社電源を持たなくても小売事業に参入できる環境が徐々に整備される一方、新規参入者が自社電源を新設することのリスクは小さくないからです。

▶▶ 80%強が大手電力の影響下

国内の発電市場全体の中で**大手電力**10社が確保している電源のシェアは2018年度現在、出力ベースで83%もあります。これは**Jパワー**など**9電力体制**時代から存在する**卸電気事業者**の電源も入った数字です。発電設備の大半が依然として、大手電力の影響下にあるのです。1995年以降の自由化政策は、発電市場の基本的な状況に変化を与えませんでした。

ただ、こうした状況はある意味では当然だと言えます。**地域独占**の時代に自社の供給エリアの電気の安定供給に対して一元的に責任を負ってきた大手電力は、域内の需要に対して十分な供給力を持っています。そして、国内の電力需要は少子高齢化や製造拠点の海外への移転といった外部要因に加え、省エネの進展により頭打ちになっています。**IPP**制度のように大手電力が電気を買い取る保証があれば良いですが、新規参入の**発電事業者**がこうした状況で発電所を建設することは、言わば過当競争に身を投じることになり、高い事業リスクを伴います。

そもそも小売事業への参入に当たって、自社電源を持つ必要は必ずしもありません。小売部分自由化後、**新電力**の主要な調達元になったのは、製鉄会社や製紙会社などが保有する**自家発電**設備の余剰電力でした。自由化政策は新規参入者に自社電源の建設を促すより、**日本卸電力取引所**（JEPX）の創設など大手電力の確保している電源を新規参入者に開放する方に力点が置かれました。その結果、新規参入者が主に自社の顧客向けに建てた大型電源は、数えるほどにとどまっています。

とはいえ、発電市場の構造は今後大きく変わっていく可能性もあります。**太陽光発電**など**再生可能エネルギー**の導入拡大は、市場全体に対して地殻変動のような影響を与えるかもしれません。また、2019年4月に東京電力と中部電力の火力発電部門を統合した**JERA**の存在も中長期的に発電市場の流動化に寄与すると考えられています。

9-3 発電市場の構造

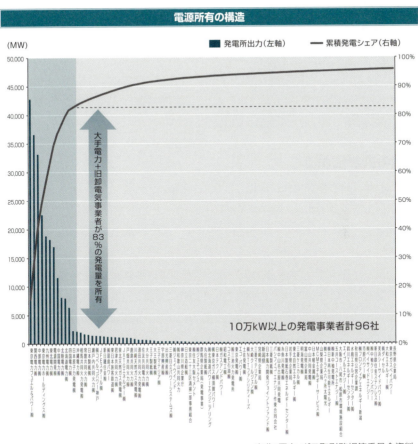

出典：電力・ガス取引監視等委員会資料

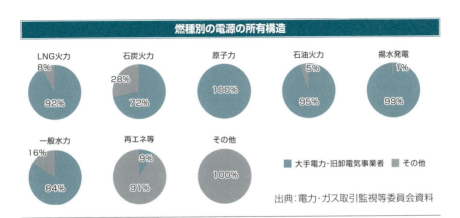

出典：電力・ガス取引監視等委員会資料

9-4
発電事業者

　一定以上の規模で発電事業を営む事業者は、小売全面自由化に合わせて一律に新たな法的身分を与えられました。電気事業法上、「発電事業者」として整理され、系統全体の安定供給維持の責任の一端を担っています。

▶▶ 規制の網が広がる

　2016年4月の小売**全面自由化**とともに、発電、送配電、小売という事業ごとに資格を区分する**ライセンス制**が導入されました。このうち発電事業については**発電事業者**というライセンスに一本化され、それまでよりも幅広い事業者が対象に含められました。

　全面自由化前までは、**大手電力**の発電部門と**卸電気事業者**の他、公営水力など卸電気事業者に準じる「卸供給」の事業者しか規制の対象ではありませんでした。卸電気事業者とは「大手電力への供給用に200万kW超の発電設備を保有する事業者」で、**Jパワー**と日本原子力発電が該当しました。また、卸供給事業者の要件は、「大手電力に対して5年以上10万kW超、あるいは10年以上1,000kW超の電気を供給する」というもので、公営水力の他、95年に制度化された**IPP**（独立発電事業者）などが含まれました。

　それに対して、ライセンス制における発電事業者は、「発電出力が1,000kW以上で年間発電量の5割以上を系統に流しているなどの条件を満たす発電設備を合計1万kW超保有する」ことが要件です。これにより大型電源を保有する**新電力**や売電事業を営む**自家発電**保有者、一定規模以上の再エネ発電事業者などが新たに規制対象になりました。国などが非常時に備えて、各地にどれだけの発電能力があるかを把握しておくため、要件を満たす事業者は「発電事業者」として届け出ることを義務付けられました。災害などにより需給がひっ迫した際には、需給状況改善のため発電するよう指示を受ける可能性があります。

　規制の網を広げたのは、小売競争が進展する中で、新規参入者等の保有電源が日本全体の供給力に占める比率が上昇していくことも論理的にはありえるからです。そのため、大手電力に完全に依存していた従来の安定供給の在り方を見直す必要がありました。

9-4 発電事業者

供給電力別の発電事業者数

供給電力量別の発電事業者数

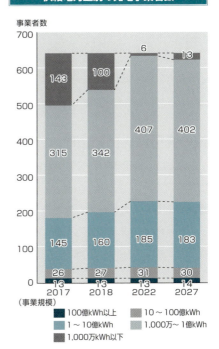

出典：2018年度供給計画

各エリアで事業を展開する発電事業者数およびエリア供給力

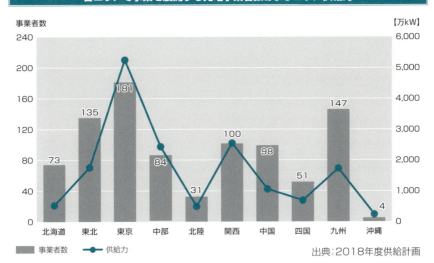

出典：2018年度供給計画

9-5
日本卸電力取引所（JEPX）

日本卸電力取引所（JEPX）は国の認可法人で、現物の電気を取引する市場を運営しています。前日スポット市場や時間前市場など、複数の市場を管理しています。自由化の進展に伴い、重要性は増しています。

▶▶ 国の認可法人に格上げ

日本卸電力取引所（JEPX）は第3次の制度改革の目玉として設立され、2005年に取引を開始しました。小売市場の競争活発化のためには、自社電源を持たない**新電力**に対して、**大手電力**が電気を供給する場を用意することが不可欠だったからです。大手電力も必要に応じて買い手にまわるなど、実際の取引の構図はそれほど単純ではありませんが、新電力の主要な調達の場という性格は取引開始以来一貫しています。

開設している市場は主に、**スポット市場**（一日前市場）、**時間前市場**（当日市場）、**先渡市場**の3つです。現物の電気に関連した商品として、**非化石価値**取引も取り仕切っています。2019年度から始まった**ベースロード市場**や**間接送電権**市場もJEPXが運営します。取引は全てインターネットを通じて行われています。

2020年4月現在の取引会員数は、大手電力や新電力、小売は手掛けていない**発電事業者**など184社です。電気の実物を実際に取り扱っていることが会員になるための要件で、金融関係者などは資格がありません。会員要件には他に、純資産額が1,000万円以上であることなどがあります。

発足以来、私設任意の組織として運営されてきましたが、小売**全面自由化**が実施された2016年4月に、国の認可法人になりました。電力システム改革全体におけるJEPXの重要性が増していることから、制度の中でより正式に位置づけられたのです。価格指標の発信元としてのJEPXの信頼性が強く求められており、**電力・ガス取引監視等委員会**は必要に応じて取引状況の事後的な検証等を行なっています。

例えば、大手電力の発電原価に基づいていたインバランス料金単価や、**再生可能エネルギー**の固定価格買取制度（**FIT**）の小売事業者負担分の**回避可能費用**は、JEPXの取引価格を参照して決まるようになっています。2019年度に創設された**先物市場**でもJEPXの取引価格が決済に用いられています。

9-5 日本卸電力取引所（JEPX）

電力取引の流れ

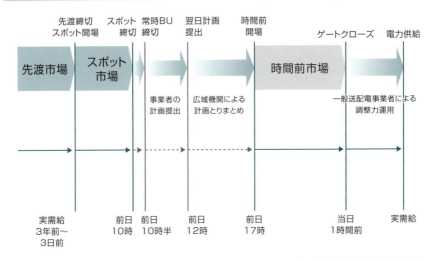

出典：電力・ガス取引監視等委員会資料

JEPXの歴史

年月	取り組み
2005年4月	スポット市場、先渡市場の取引を開始
2006年6月	先渡市場に週間商品を追加
2009年4月	先渡市場商品の取引を開始
2009年9月	4時間前市場の取引を開始
2012年6月	時間前市場の取引目的要件を緩和
2013年7月	先渡市場取引に年間商品を導入
2016年4月	4時間前市場を閉設し、1時間前市場を開設
2016年4月	託送制度変更に伴うインバランス料金算定に係るα値の計算を開始
2018年5月	非化石価値取引市場を開設
2018年8月	先渡市場取引に東京・関西エリアプライス決済商品を上場
2018年9月	連系線利用ルールに間接オークションを導入

第9章 電力市場

9-6
スポット市場

日本卸電力取引所 (JEPX) のメインの市場である前日スポット市場は、翌日に受け渡される電気を30分単位で売買する場です。取引の厚みは確実に増していますが、価格の不安定性などの課題もあります。

▶▶ 価格高騰の懸念も

JEPXの取引量の大半は、**スポット市場**で取引されています。取引単位は500kWhで、年間365日開いています。同市場での取引価格が指標性を持つよう、価格が一元的に決まるシングルプライスオークション方式を採用しています。一般的に電気の市場価格と言えば、このスポット市場の価格動向を指します。

小売電気事業者は翌日の供給力の確保状況や需要の見通しを元に、足りていない分の電気をスポット市場で調達します。低位安定した市況であれば、相対契約に基づく購入量を絞って、市場からの調達量を増やすという判断も当然あり得ます。

2005年のJEPX取引開始と共に開設されましたが、**東日本大震災**前は**新電力**の市場シェアが伸び悩んでいたこともあり、スポット市場の取引量も限定的でした。2010年度まで、販売電力量全体の0.2%にも満たない水準でした。それが大震災後、**大手電力**はスポット取引に従来以上に積極的に参加するようになり、取引量が増えていきました。大手電力が原発稼働停止により必要に迫られて、買い手としても存在感を持つ局面もありました。

固定価格買取制度 (**FIT**) を利用した**再生可能エネルギー**の電気が17年度から原則的にスポット市場に供出されていること、18年10月に連系線利用ルールが**間接オークション**に変更されたことも取引量が増加する大きな要因になっています。19年10～12月には、スポット市場の取引量が販売電力量に占める比率が約37%まで上がっています。

新電力の調達量に占めるスポット市場の比率もそれに合わせて上昇しており、18年6月には約45%まで高まりました。ただ、スポット市場への高い依存は決して好ましいことではありません。取引価格が時折高騰するなど安定性に欠けているからです。18年7月にはスポット価格は西日本エリアで一時、100円／kWhという異常な水準まで跳ね上がりました。

9-6　スポット市場

スポット市場の約定量

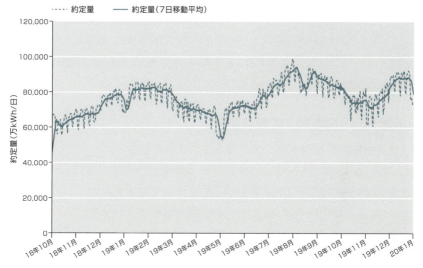

出典：電力・ガス取引監視等委員会資料

スポット市場の全国価格

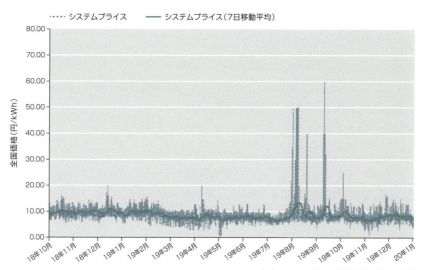

出典：電力・ガス取引監視等委員会資料

第9章　電力市場

225

9-7
スポット市場の活性化策

スポット市場の主要な売り手として期待されている大手電力。東日本大震災後には、従来以上に積極的に取引へ参加することを表明しました。その「自主的取り組み」の実効性を高める措置も講じられています。

▶▶ 大手電力が"自主的"に取り組む

スポット市場開設以来の最大の課題は、国内の発電設備の大半を保有する**大手電力**にいかに取引に参加してもらうかでした。大手電力はJEPX設立時、売り手として取引に積極的に参加する意向を表明しましたが、**東日本大震災**後には、スポット市場への電気の供出に一段と積極的に取り組む方針を示しました。

その新たな「自主的取り組み」とは、自社エリア内の安定供給に支障がでない範囲内で、最大限の売り入札を限界費用ベースで出すというものです。大手電力各社は2013年3月から市場への供出量を段階的に増やしました。

「最大限の売り入札」の量の算出方法は「供給力―（自社需要＋予備力＋入札制約）」です。**電力・ガス取引監視等委員会**は入札量の最大化を図るため、減少要因となるカッコ内の3要素に対しても対応を取っています。

2017年4月からは、大手電力が自社需要分まで含めて売りに出す**グロスビディング**という新たな取り組みが始まっています。自社需要に食い込んだ分は買い札も入れることで、大手電力が自社顧客に供給する電気が足りなくなる心配はなくなります。見かけの取引量が増えるだけとの冷めた見方もありましたが、監視委の分析により、価格変動の抑制などの効果が指摘されています。

予備力とは大手電力の小売部門が顧客の需要増に備えて手元に残しておく分です。一部の大手電力は送配電部門と重複して確保していたことから、是正されました。入札制約については、大手電力が**揚水発電**の運用など10以上の制約を主張しましたが、その妥当性を監視委が検証し、制約要因の解消を図っています。

また、2018年10月には、連系線利用ルールが間接オークション制度に変わりました。こうした対策の効果は確実に現れています。スポット市場の年間約定量は、2014年度124億kWh、15年度154億kWh、16年度230億kWh、17年度586億kWh、18年度2086億kWhと大きく伸びています。

9-7 スポット市場の活性化策

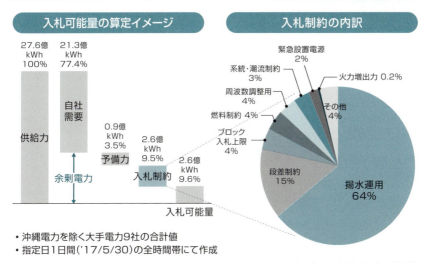

出典：電力・ガス取引監視等委員会資料

出典：電力・ガス取引監視等委員会資料

9-8
時間前市場

小売電気事業者が日本卸電力取引所（JEPX）で調達できる最後の機会が時間前市場です。実需給の1時間前まで開いています。ただ、市場の厚みはまだ十分とは言えず、取引量拡大に向けて試行錯誤中です。

▶▶ 取引方式を改良へ

時間前市場の取引コマは**スポット市場**と同様に30分単位で、50kWhから売買できます。スポット市場が取引を終了した後に、発電機のトラブルが起きたり、天気予報が外れて気温が予測から大きく変わったりした場合、それまでの計画値からずれが生じ、電気の追加的な確保が必要になります。例えば、そうした際に活用される市場で、**小売電気事業者**がインバランスの発生を回避するために市場から調達できる最後の機会になります。

2009年の開設当初は、電気の受け渡しの4時間前までしか開設されていませんでした。小売事業者の使い勝手を良くするため、小売**全面自由化**が実施された2016年4月から、受け渡し前日17時から1時間前まで取引が可能になりました。

ただ、スポット市場の取引量が近年大きく増えているのとは対照的に、時間前市場の取引量はほぼ横ばいで推移しています。2017年の1年間で取引量はわずか5%しか増えていません。JEPXの取引量全体に占める比率は、4%弱にとどまっています。

一方で、時間前市場の取引ニーズは今後高まることが予想されています。インバランス料金制度の見直しにより小売事業者が**同時同量**を順守する誘因は高まります。固定価格買取制度（**FIT**）の特例措置に守られてインバランスリスクを負っていない**再生可能エネルギー**電源がやがて市場に出てくることも実需給直前まで市場取引する必要性を高めます。

そのため、経産省は時間前市場のテコ入れ策に乗り出しています。取引が活性化しない一因として、同一条件なら発注が早いものから売買が成立するザラバ方式を採用していることが指摘されました。ザラバでは売り手は高い価格の電気を優先して売るために供出可能な量を一度に出さない傾向があるためです。そこでスポット市場と同様に、シングルプライスオークション方式を導入する方針です。

9-8 時間前市場

時間前市場の約定量の推移

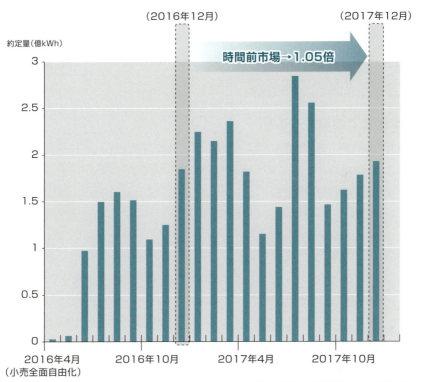

出典：電力・ガス取引監視等委員会資料

スポット市場と時間前市場の約定量の比較（2017年度）

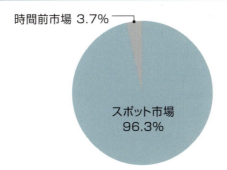

出典：電力・ガス取引監視等委員会資料

第9章 電力市場

9-9
先渡市場

先渡市場は、一定期間にわたる電気を売買する市場です。日本卸電力取引所（JEPX）創設時から存在しますが、取引は活性化しない状況が続いています。市場範囲を細分化するなどのテコ入れ策が講じられています。

▶▶ ３年先までの電気を取引

先渡市場は最大で３年後に受け渡す電気の売買が可能です。毎日、午前と午後２時間ずつ開場されています。取引商品は、受け渡し期間が１年間の年間商品、１か月の月間商品、１週間の週間商品に分かれます。月間商品と週間商品は、平日昼間に限定した「昼間型」と「24時間型」があります。約定方法はザラバ方式を採用し、取引単位は1,000kWです。

開設以来、低迷した取引状況が続いており、総電力需要に占める取引量の比率はわずか約0.002%です。スポット価格が安定性に欠ける中、先渡市場での調達には、小売事業者にとって中長期にわたり電気を決まった価格で確保できる利点がありそうですが、実際には購入価格が定まらないことが課題としてありました。

どういうことでしょうか。先渡市場で取引が成立した時点ではもちろん、売買単価は決まります。ですが、電気は実際には**スポット市場**を通じて受け渡されることが話をややこしくしています。先渡市場で合意した価格とスポット価格とのズレは当事者間の差金決済契約により事後的に精算することで購入価格は原則的に固定されますが、売り手の発電設備の立地するエリアと、買い手が電気を需要家に販売するエリアが異なり、両エリアの間で**市場分断**が起きた場合に問題が起きます。

間接送電権の項で説明した通り、差金決済をしてもどちらかが損をしてしまうのです。こうした構造的問題を解決するため、全国単一だった市場範囲は2018年8月に、市場分断が起きる頻度を考慮して東日本と西日本の２市場に分けられました。合わせて、取引手数料水準も当面の間、引き下げられました。ですが、こうした方策が今のところ、取引の活性化に寄与したとは言い難い状況が続いています。

なお、**先物市場**の創設に伴い、機能が重複する先渡市場は廃止される可能性もありましたが、現物取引を行なう場として存在意義はあると判断され、存続することになっています。

9-9 先渡市場

先渡市場の役割と意義

先渡市場に期待される役割・機能	内容
①中長期的な電源確保	先渡市場では、商品ごとに実需給の3年前から3日前まで取引が可能となっており、自社需要にあわせて中長期的な電源確保が可能となる。
②取引所の価格固定	スポット市場を初めとする取引所取引割合が増加する中、先渡市場を活用することで取引所価格を一定期間前に固定することが可能となる。
③発電設備の最大活用	約定結果の判明後、実需給までに一定の準備期間が存在するため、約定結果に合わせて、発電設備の最大活用が期待できる。

出典：電力・ガス取引監視等委員会資料

エリア間値差発生リスク

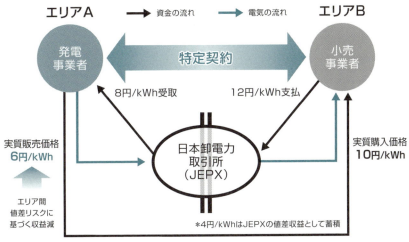

出典：資源エネルギー庁資料

9-10
ベースロード市場

新電力にとって確保が困難だったベースロード電源の電気を調達できる市場が2019年度に創設されました。大手電力等に一定量の供出を義務づけており、競争活性化策の目玉でしたが、初年度の取引は低調でした。

▶▶ 原子力や石炭火力の電気を売買

ベースロード市場とは、石炭火力や大規模水力、原子力を自前で持てない新電力のために、大手電力等にベースロード電源の電気の供出を一定量義務づける制度です。自由化開始以来の大きな課題だった新電力のベースロード電源へのアクセスを保証するものです。

取引対象は当面、受け渡し期間1年の商品のみで、受け渡し開始時期は4月です。買い手となる新電力は落札した量（kW）を24時間365日切れ目なく購入し続けます。そのため、電気が余りかねない時間帯にはスポット市場で転売することも認められます。取引は前年度に3回行なわれ、最後の取引は11月上旬です。電気の受け渡しはスポット市場で行われるため、取引はスポット市場での分断発生頻度を考慮して「北海道」「東日本」「西日本」の3エリアに分けて行われます。

電気の供出が義務づけられるのは、大手電力9社の他、Jパワー、大手電力出資の共同火力などです。発電事業者の供出義務量と新電力の購入可能量はそれぞれ政策的に決められます。供出義務量は各エリアの総需要や新電力への離脱率などに基づいて設定されます。新電力の常時バックアップの購入枠や相対取引による調達分は、供出義務量と買い手の購入枠の両方から控除されます。

鳴り物入りで創設されましたが、出だしは低調でした。19年度の約定量は53万4,300kWで、新電力全体の18年度の販売電力量の4%弱でした。その要因として「期待していた価格よりも高い」との声が新電力から出ています。

売り入札の上限価格は各社のベースロード電源の発電平均コストをもとに算出されます。つまり、再稼働の見通しが立たない原発など停止中の電源の固定費もコストに含まれています。そのため、それほど安価な価格にはならない可能性は初取引前から指摘されていましたが、その懸念が的中したかたちです。低調な取引が今後も続くなら、何らかのてこ入れ策が求められそうです。

9-10 ベースロード市場

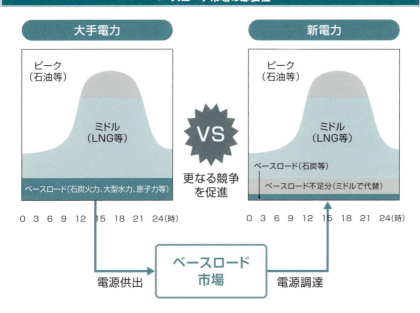

出典：資源エネルギー庁資料

$$発電平均コスト（円/kWh） = \frac{①+②+③（円）}{受渡期間発電量（kWh）}$$

※一般水力については、ベースロード電源として活用されている流れ込み式水力のみを原則算定対象することを検討

出典：資源エネルギー庁資料

9-11
常時バックアップ・相対取引

新電力が日本卸電力取引所（JEPX）でなく、相対取引として大手電力の電気を確保できる常時バックアップという仕組みもあります。制度的裏づけを持たない大手電力と新電力の相対取引も徐々に増えています。

▶▶ 新電力のJEPX外での調達手段

新電力にとってJEPXスポット市場への高い依存は間違いなくリスクです。そのため、自社電源を持たない新電力は、**大手電力**との相対取引も選択肢として確保しておきたいところです。その点から重宝されているのが、**常時バックアップ**です。大手電力が契約した一定の容量内で新電力に電気を卸供給し続ける仕組みで、経済産業省と公正取引委員会が策定した**適正な電力取引の指針**で定められています。2000年の小売部分自由化の開始に合わせて導入されました。

東日本大震災後に仕組みが見直され、新電力が新たに大口需要を獲得した場合、大手電力はその量全体の3割の容量を常時バックアップとして確保することになりました（低圧需要は1割）。基本料金の引き上げと従量料金の引き下げも行われ、新電力はベースロード需要向けにより活用しやすくなりました。

JEPXスポット取引の厚みが増す中で、新電力の調達量に占める常時バックアップの比率は低下傾向にあります。スポット価格が相対的に安い時には、常時バックアップからの供給量が絞られる一方、市場調達の量が増える傾向にあります。こうした状況もあり、大手電力は**ベースロード市場**の創設に合わせて常時バックアップの廃止を求めましたが、時期尚早と判断されました。

常時バックアップと似た構造の制度に、**部分供給**があります。需要家が複数の小売事業者から電気を購入する制度で、新電力の供給力を補完し需要家の選択肢を増やす効果があります。制度上は大震災前も可能でしたが、実施方法が確立されておらず、ほとんど行われていませんでした。経産省が12年に指針を策定したことで活用事例は増えています。

大手電力が純粋な民民契約に基づく相対取引により新電力に卸供給する事例も徐々に増えていますが、まだ総需要の6%弱程度です。新電力の申し出に前向きに応じない大手電力もいたため、電力・ガス取引監視等委員会が対応しています。

9-11 常時バックアップ・相対取引

常時バックアップの概念図

大手電力 → 新電力

自社調達分（80）
※相対契約、自社電源、取引所取引

常時バックアップによる補填（20）

不足分 → 需要家

※新規参入者が需要家に100販売する際、供給力とし80しか調達できず、20の常時バックアップを受ける場合の例

出典：資源エネルギー庁資料

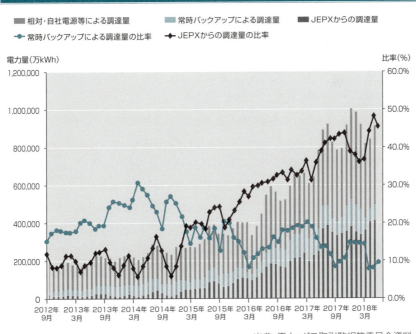

新電力の電力調達状況

出典：電力・ガス取引監視等委員会資料

9-12
Ｊパワー・公営水力

Ｊパワーの石炭火力と大規模水力や、地方自治体の水力発電の動向も発電市場流動化のカギを握っています。そのほとんどが大手電力に囲い込まれているのが現状で、経済産業省は新電力にも門戸を開くよう促しています。

▶▶ 中途解約へガイドライン整備

Ｊパワーが全国に保有する競争力のある**石炭火力**と**大規模水力**や、全国の公営事業者が保有する水力発電所も、**新電力**にとって魅力的な電源です。**大手電力**に無理やり自社電源を供出させるよりも、これら電源へのアクセスが自然と可能になる方が自由化の在り方として筋が良いとも言えます。

ただ、歴史的経緯もあり、その大半は現在も大手電力との長期契約に縛られています。Ｊパワーは国策会社でした。1952年に全国的な電力不足を解消する目的で「電源開発促進法」が成立。同法に基づいて政府が100％出資して設立されました。発足直後は大規模水力の開発に取り組み、**オイルショック**以降は海外産の石炭を使った火力発電の開発に傾注しました。

経産省は、その一部をJEPXへの供出や新電力への卸売りにまわすための話し合いを進めるようＪパワーと大手電力に求めていますが、その実績は微々たるものにとどまっています。この状況に対し批判の声も上がっています。Ｊパワーは話し合いが進まない要因は主に大手電力側にあるとして、切り出し拡大の量やスケジュールを指針等で明確化することを経産省に要望しています。

公営事業者の置かれた状況も似ています。小売部分自由化以降、地元の大手電力への事業売却が相次ぎましたが、今も25の自治体が発電事業を営んでいます。保有する電源のほとんどは水力発電です。いずれも歴史が古く、発電コストは安価です。

大手電力との契約解消を促すため、経産省は契約を中途解約した場合の違約金の算定方法などを示したガイドラインを15年に策定しました。その後、大手電力との契約見直しはなかなか進みませんでしたが、20年には7道府県が大手電力との長期契約の満期を迎えて売電先を公募しました。入札価格だけでなく、地域貢献の取り組みなども評価対象にした自治体が多く、そこではやはり地元の大手電力の強さが目立ちました。

9-12　Jパワー・公営水力

Jパワーの電源の切出し（2020年3月時点）

	切出し量	切出し時期	切出しの要件	協議の状況
北海道電力	年間2億kWh程度を切出し済み	更なる切出しについては未定		
東北電力	1万kWを切出し済み 検討・協議中（5～10万kW程度）	5～10万kWの切出しについては、需給の安定を条件に引き続き検討		（2020年度以降に係る協議を11、12、1月に実施）
東京電力EP	3万kWを切出し済み	更なる切出しについては未定		
中部電力	1.8万kWを切出し済み	更なる切出しについては未定		
北陸電力	1万kWを切出し済み	更なる切出しについては未定		
関西電力	35万kWを切出し済み	更なる切出しについては未定		
中国電力	1.8万kWを切出し済み	更なる切出しについては未定		
四国電力	3万kWを切出し済み	更なる切出しについては未定		
九州電力	8万kWを切出し済み	更なる切出しについては未定		
沖縄電力	1万kWを切出し済み	更なる切出しについては未定		

※ベースロード市場への供出のため、新たに切出しを行ったものについては含まない。　　■ 前回から具体的な進展があった項目

出典：電力・ガス取引監視等委員会資料

公営電気事業の競争入札状況

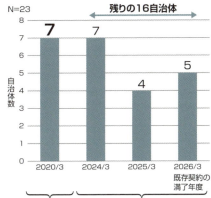

既存契約の満了年度別/自治体数

2020年3月に満期を迎えた自治体の4月以降の売電先

【一般競争入札】

自治体	落札企業
北海道	エネット
京都	ゼロワットパワー

【公募型プロポーザル】

自治体	落札企業
岩手	東北電力／久慈地域エネルギー
秋田	東北電力／ローカルでんき
山形	やまがた新電力／東北電力／地球クラブ
栃木	東京電力エナジーパートナー
長野	中部電力、丸紅新電力、みんな電力

第9章　電力市場

9-13
先物市場

　自由化の進展により電気の市況商品化が進む中で、電気事業者には将来的な価格変動をヘッジするニーズが生まれつつあります。そのニーズに応えるため、東京商品取引所は2019年に電力先物市場を上場しました。

▶▶ 活用は徐々に広がるか

　先物市場とは、将来的な価格変動リスクをヘッジするための場です。政府は「日本再興戦略」で、電力などエネルギー商品の先物市場を整備する方針を打ち出しました。同戦略では、電力先物市場を小売事業者や発電事業者にとって電力価格の変動リスクを回避する重要な手段だと位置づけています。

　こうした政府全体の方針を受けて、東商取は2019年9月に電力先物取引を上場しました。上場した商品は、ベースロード（1日24時間分）と日中ロード（平日8〜20時）の2種類です。市場分断の影響が及ばないよう、現物の受け渡しを伴わない現金決済先物取引です。決済期限は1カ月単位で、最長15か月先までの電力を取引できます。決済価格には日本卸電力取引所（JEPX）スポット市場の月間平均価格が用いられます。枚は先物商品の取引単位で、例えば限月が11月のベースロード商品の場合、1枚で取引される電力量は7万2,000kWhです。

　ただ、理論と現実にはギャップがあるようで、これまでのところ取引量は限定的です。自由料金メニューにも燃料費調整制度が組み込まれるなど多くの小売事業者にはまだ先物市場を積極的に活用する必要性はないようです。ただ、スポット市場の取引量の増加や、燃料費調整と無関係な再生可能エネルギーの導入拡大といった市場環境の変化を受け、取引価格固定化などの手段として先物取引の活用が少しずつ広がる可能性はあります。

　欧州エネルギー取引所（EEX）も、日本での電力先物取引への参入を表明し、20年5月から相対取引の決済保証サービスを開始しています。また、東商取は、LNG（液化天然ガス）と石炭の先物も上場して、総合エネルギー先物市場を創設する方針を打ち出しています。電気だけでなく発電用燃料の価格変動もヘッジできるようにする狙いです。こうした環境整備により、電力先物は日本でも徐々に根づいていくと考えられています。

9-13 先物市場

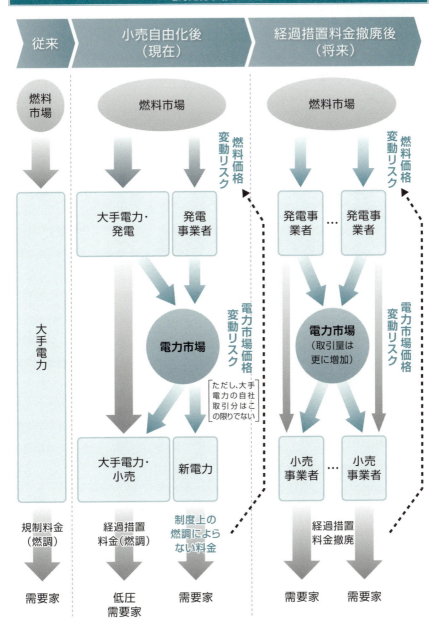

出典：経済産業省資料

9-14
調整力公募

大手電力の送配電部門が確保する調整力の調達にも、競争原理が導入されています。全国大の市場を創設するまでの過渡的措置として、2017年度運用分からエリアごとに調整力の公募が行なわれています。

▶▶ ライセンス制導入とともに開始

ゲートクローズ後にエリア内の需給を最終的に一致させるのは、一般送配電事業者の責務です。そのためには、出力変化の速度や幅について一定の能力を持った発電設備等が必要です。ただ**ライセンス制**導入に伴う事業区分の整理により送配電事業者は原則的に発電設備を持たないことになりました。これまでは**大手電力**の社内業務として自社電源を**調整力**として使っていましたが、送配電事業者の中立性確保の観点から発電部門と厳密に区分けされることになったのです。

そのため、送配電事業者は需給調整用の電源を**発電事業者**との契約により確保する必要があります。その際は、自社グループ内の電源と**新電力**が保有する電源等を差別することなく、経済合理性に基づいて利用することが求められます。資本関係に関係なく、よりコストの安い電源等を調整力として使うことが、**託送料金**水準の抑制につながり、需要家利益にもなるからです。

そこでライセンス制が導入されたことを契機に、各エリアの送配電事業者が個別に調整力を公募する仕組みが始まりました。公募は、2017年度に使用する分の調整力から実施されています。送配電事業者が固定費分も負担する調整力の専用電源（電源Ⅰ）と、小売事業者が供給力としても活用し余力がある場合に調整力として差し出す併用電源（電源Ⅱ）の2種類に大きく分けて募集が行われています。

調整用電源は送配電事業者の出力変動要請などに迅速に対応する必要があるため、発電設備側に一定の要件を満たした通信機能が具備されていなければいけません。新電力のほとんどの電源にはそういった機能がついていませんから、当面の調整力は従来と変わらず大手電力の電源に頼っています。ただ、急激な気温低下などにより需要予測が大きく上振れした時などは、猛暑や厳寒対応の区分で落札された新規参入者提供の**デマンドレスポンス**（DR）も活用されるなど、公募の成果は多少は出ています。

9-14 調整力公募

2018年度向け調整力公募の各社の募集量

※電源ごとの募集量　　　　　　　　　　　　　　　　　　　　　　　　単位:万kW

	北海道	東北	東京	中部	北陸	関西	中国	四国	九州	沖縄
電源Ia	36.0	93.9	320.0	156.3	33.0	152.0	73.5	31.7	102.4	5.7
電源Ib	−	−	53.0	14.7	2.0	26.0	−	3.6	−	24.4
電源I'	−	8.2	34.0	31.2	−	27.0	−	−	31.8	−

注1) 電源Ⅱ(Ⅱa、Ⅱb、Ⅱ')については、容量の上限を設けずに募集。(応募された電源が要件を満たしていれば契約する)

出典:電力・ガス取引監視等委員会資料

電源Ⅰ、Ⅱの実運用

電源Ⅰの入札・契約
- 電源Ⅰ:一般送配電事業者が調整力専用として常時確保する電源等
- 入札者は、ユニットを特定した上で容量(kW)単位で入札
- 原則、容量(kW)価格の低いものから落札
- 定期検査実施時期等の調整

電源Ⅱの募集・契約
- 電源Ⅱ:小売電源のゲートクローズ後の余力を活用する電源等
- 容量(kW)価格の支払いは発生しないため、募集時にkW価格は考慮されない
- 要件を満たしているかを確認してユニットを特定するのみ

一般送配電事業者は電源ⅠとⅡの中から電力量(kWh)価格の低い順に指令(メリットオーダー)

(調整力提供者は毎週、各ユニットの電力量(kWh)価格を登録)

電源Ⅰの費用精算
- 落札時に決定した、容量(kW)価格を受け取る
- 指令に応じて発電した電力量に応じて、電力量(kWh)価格で費用精算
- 発電不調等があった場合のペナルティを精算

電源Ⅱの費用精算
- 指令に応じて発電した電力量に応じて、電力量(kWh)価格で費用精算

出典:電力・ガス取引監視等委員会資料

9-15
需給調整市場

全国の一般送配電事業者が買い手となって調整力を取引する需給調整市場が、2021年に創設されます。取引される商品は徐々に増やす計画です。日本全体の調整コストの低減につながることが期待されています。

▶▶ 調整力を広域調達・運用

需給調整市場とは、沖縄電力を除く全国9つの**一般送配電事業者**が買い手となり、各エリア内の供給安定性を最終的に維持するための**調整力**を調達する市場です。エリアごとに実施している**調整力公募**の後継として、2021年に創設される予定です。新規参入の**発電事業者**も新たな収益源として注目しています。

公募により各社が確保した調整力の運用を通して、各エリアの調整コストには有意な差があることが明らかになっています。そのため、調整力の調達が全国大で行われるようになれば、日本全体としての調整コストの低減につながると期待されています。

需給調整市場は、各一般送配電事業者が調達した調整力を運用時に相互融通する場としての機能も持ちます。各社が調達した調整力を実際にどれだけ使用するかは、エリア内の需給状況によって変わります。あるエリアでは調整力に余裕があり安価な調整用電源が余っている反面、隣のエリアでは割高な調整力も発動する必要に迫られる状況もあり得ます。安価な調整力を広域的に融通し合うことでそういった問題は解消され、日本全体としての調整コストの低減につながります。

ただ、システム整備などの面で課題があるため、市場創設当初からこうした理念通りの広域取引が行なわれるわけではありません。調整力は発電出力の変化速度によって、1次調整力、2次調整力①②、3次調整力①②の5種類に分かれますが、このうち初年度から調達段階の広域取引が行なわれるのは3次調整力②だけです。広域的に調達・運用する調整力の種類はその後、段階的に拡大していく方針です。

変化速度など調整力の要件は、供給安定性の観点からは厳格化が求められますが、市場参加者を増やすにはある程度緩くする必要があります。自由化の理念としては、新規参入者の電源や**デマンドレスポンス**（DR）も調整力として活用されることが望ましいと言えます。

9-15 需給調整市場

商品の要件

	一次・二次調整力 (GF・LFC)		二次調整力② （EDC－H）	三次調整力① （EDC－L）	三次調整力② （低速枠）
	一次調整力 （GF相当枠）	二次調整力① （LFC）			
指令・制御	－	指令・制御	指令・制御	指令・制御	指令
回線	－	専用線等	専用線等	専用線等	簡易指令システム等も可
監視の通信方法	オンライン	オンライン	オンライン	オンライン	オンライン
応動時間	10秒以内	5分以内	5分以内	15分以内	45分以内
継続時間	5分以上	30分以上	30分以上	商品ブロック時間（4時間）	商品ブロック時間（4時間）
供出可能量 （入札量上限）	10秒以内に出力変化可能な量とし、機器性能上のGF幅を上限とする	5分以内に出力変化可能な量とし、機器性能上のLFC幅を上限とする	5分以内に出力変化可能な量とし、オンラインで調整可能な幅とする	15分以内に出力変化可能な量とし、オンラインで調整可能な幅とする	45分以内に出力変化可能な量とし、オンライン（簡易指令システムも含む）で調整可能な幅を上限とする
応札が想定される主な設備	発電機・蓄電池・DR等	発電機・蓄電池・DR等	発電機・蓄電池・DR等	発電機・DR・自家発余剰等	発電機・DR・自家発余剰等

出典：資源エネルギー庁資料

商品導入スケジュール

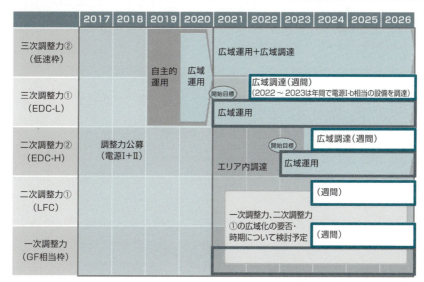

出典：電力広域的運営推進機関資料

9-16
非化石価値取引

非化石電源で作った電気に付随する「非化石価値」を取引する市場が2018年に創設されました。企業等の再エネ電気を購入するニーズが高まる中、この市場をどう育てていくかは大きな課題です。

▶▶ FIT電源の価値を先行して取引

再生可能エネルギーと原子力という**非化石電源**の電気に付随するCO_2フリーの非化石価値を取引する非化石価値取引市場が2018年に創設されました。固定価格買取制度（FIT）を利用する再エネに付随する価値が先行して取引されています。日本卸電力取引所（JEPX）は3カ月分の発電量に付随する価値をまとめて一度に売りに出します。つまり、取引は年4回行われています。

市場創設の一義的な目的は、小売電気事業者に課せられた非化石電源比率の目標達成を後押しすることです。そのため、買い手として参加できるのは小売事業者だけです。ただ、再エネの調達に意欲的な需要家からも非化石価値取引への関心が高まっています。国民負担で成り立つFITを利用した再エネの電気を買ってもCO_2フリーの電気とは認められませんが、電気の量と同じだけの非化石価値を別途調達して組み合わせればCO_2フリーの電気として対外的に説明できるからです。

こうした需要家のニーズを満たすには、取引の仕組みに改良の余地があります。例えば、国際的な信用を得るには、どの電源で作った電気の非化石価値か特定できることが求められます。そのため、経産省は特定の電源と非化石価値を紐づける**トラッキング**の実証試験を行なっています。

取引は現在のところ低調です。19年度の約定量は4回合計で約4億4,000万kWhでした。19年の1年間のFIT電源による発電量は約878億5,700万kWhでしたから、売り札量全体に占める約定量の比率はわずか約0.5%で、ほとんどが売れ残ったことになります。

ただ、約定量は20年度から大きく増えることが確実です。非化石電源比率の中間目標の評価期間が始まるからです。20年度からは原子力や大規模水力、FIT買取期間終了後の再エネといった「非FIT非化石電源」に付随する価値の取引も始まります。非化石価値取引の実質的な"元年"と言えそうです。

244

9-16 非化石価値取引

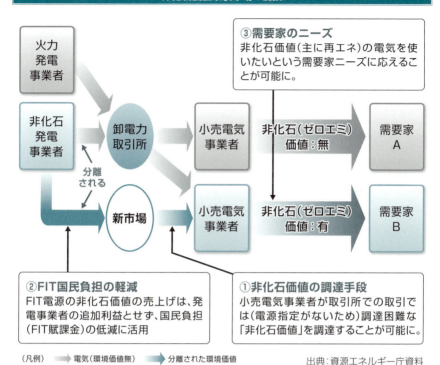

出典：資源エネルギー庁資料

非化石証書の種類

	再エネ指定		指定無し
	FIT非化石証書	非FIT非化石証書	非FIT非化石証書
対象電源	FIT電源 （Ex.太陽光、風力、小水力、バイオマス、地熱）	非FIT再エネ電源 （Ex.大型水力・卒FIT電源等）	非FIT非化石電源 （Ex.大型水力、卒FIT電源、原子力等）
証書売手	低炭素投資促進機構(GIO)	発電事業者	発電事業者
証書買手	小売電気事業者	小売電気事業者	小売電気事業者
価格決定方式	マルチプライスオークション	シングルプライスオークション	シングルプライスオークション

出典：資源エネルギー庁資料

9-17
容量市場

容量市場とは中長期的な安定供給維持のため「発電できる能力」に対価を支払う仕組みです。再生可能エネルギーの導入拡大などにより火力発電所の採算性悪化が避けられないことから、創設が決まりました。

▶▶ 新電力の重い負担に懸念

従来の発電事業とは、多額の投資をして建設した発電所が稼働を開始して作った電気を売ることで収入を得るものでした。売れる電気の量が多ければそれだけ投資回収のペースは速いですから、**発電事業者**はできる限り高い設備利用率を維持したいと考えます。ですが、特に火力発電については今後、発電事業者の自助努力が及ばないところで設備利用率の低下が避けられません。導入量が拡大する**再生可能エネルギー**に押し出されるからです。

とはいえ、**太陽光発電**や**風力発電**は天候によっては供給力として全く機能しないこともあります。そういった時間帯には少なくとも当面は、火力発電が安定供給の屋台骨を支える必要があります。にもかかわらず、誰も火力発電所に投資しなくなっては大問題です。

こうした問題意識から2020年度に創設されるのが、**容量市場**です。いざという時に発電できるという能力自体に社会的価値があるとして、発電設備の容量（kW）に対して対価を支払うものです。設備利用率の低下によってkWhに基づく売電収入が減っても、**kW価値**の収入により穴埋めすることができるというわけです。

容量市場における売り手は、発電設備を持つ全国の事業者です。一方、買い手は**電力広域的運営推進機関**が一元的に務めます。買い取る容量の規模も、広域機関が安定供給維持の観点から決定します。こうした取引を毎年度実施します。

容量市場創設の必要性自体に大きな異論はありませんが、自由化推進の阻害要因になるとの懸念が出ています。買取に要した費用は広域機関が事後的に**小売電気事業者**に対して事業規模に応じて請求しますが、自社電源を持たず**日本卸電力取引所**（JEPX）への依存度が高い**新電力**ほど費用負担は重くなるからです。また、発電市場の活性化の観点からは、**大手電力**が保有する老朽化した火力発電所を延命させるだけだとの冷めた見方もあります。

9-17 容量市場

容量市場の必要性

事業環境の変化
- 自由化の進展
- 再エネ電源導入増

→ 火力電源の利用率低下、卸市場価格の低下

◇ 容量市場

- 容量市場なし → 火力等の電源投資が適切なタイミングで行われない、又は休廃止が進む
  - 需給タイト化、卸市場の価格スパイク頻発 → 小売事業者、需要家に悪影響
  - 系統内の調整力減 → 再エネの出力抑制増 新規再エネ導入阻害

- 容量市場あり → 火力等の電源投資が適切なタイミングで行われる、又は適切に維持される
  - 需給緩和 卸市場の価格安定 → 安定した電気料金リスクプレミアム減
  - 系統内の調整能力維持 → 再エネ導入阻害要因の軽減

出典：資源エネルギー庁資料

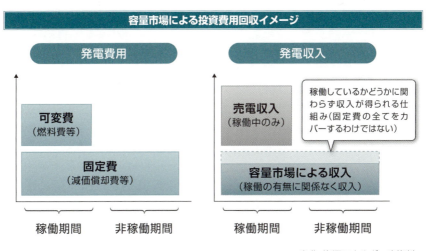

容量市場による投資費用回収イメージ

発電費用：可変費（燃料費等）、固定費（減価償却費等）

発電収入：売電収入（稼働中のみ）、容量市場による収入（稼働の有無に関係なく収入）

稼働しているかどうかに関わらず収入が得られる仕組み（固定費の全てをカバーするわけではない）

出典：資源エネルギー庁資料

安定供給という"錦の御旗"

「アントニオ猪木なら何をやっても許されるのか！」というのは、第1次UWFから新日本プロレスに出戻った前田日明が言い放った昭和プロレス史に残る名言ですが、新電力の関係者であれば電力政策の立案者に対してこう言いたい人もいるでしょう。

「安定供給と言えば、何をやっても許されるのか！」

電力システムにとって、供給安定性の確保が極めて重要な命題であることは間違いありません。電気料金の低廉化やCO_2排出量の低減も重要な課題ですが、そのために停電が頻発するような事態になることは許されません。その意味で、3Eの中でも供給安定性の要素は一段上にあると言えます。実際、「安定供給上不可欠だ」と言われれば多少コストのかかる取り組みでも受け入れられがちです。

つまり、電力政策の議論において「安定供給のため」という言葉は"錦の御旗"の役割を果たすのです。実際、これまでの電力自由化の議論でも、安定供給の名の下に競争促進策の導入が断念されるという構図はありました。

ただ、このことは多少筋の悪い政策を強引に押し通す際に「安定供給」の理屈が都合よく用いられる危険性と紙一重です。昨今のシステム改革の議論でも、例えば容量市場の詳細設計においては新電力の不満が鬱積する場面も少なくありませんでした。

北海道胆振東部地震など2018年に多くの自然災害が多発したことで、電力システムのレジリエンスの強化が重要な政策課題になる中、制度の軸足が供給安定性重視へとさらに強まるとの見方もあります。その場合、不利な立場に置かれる新電力の政策当局への不信感が高まる可能性もあります。

冒頭のプロレスの話に戻ると、前田日明は結局その後、新日本プロレスを再び離れて第2次UWFを設立し、猪木とは違うかたちでプロレス界のカリスマに上り詰めました。その例に倣うならば、新電力の中からも従来の系統電力の常識を超えた新格闘王ならぬ"新電力王"がやがて生まれるかもしれません。

第10章

次世代の電力システム

水主火従から火主水従、そして原子力発電による「立国」を夢見た時代を経て、日本の発電の主役は再生可能エネルギーに移ろうとしています。設備の大型化により経済性や供給安定性を向上させるという方向から、数多くの分散型電源をデジタル技術によって高度に制御することで安定供給への懸念を生じさせることなく電気の脱炭素化を図る方向へと電力システムのあり方は大きく転換していくのです。その過程で、電力取引の形態は多様化し、需要家も電力システムに対して主体的な関わりを持つようになるでしょう。

10-1
電力システム改革とは

電力システム改革は、これからが本番です。脱炭素社会への転換という地球レベルでの要請が最大の原動力になり、電力の需給構造は再生可能エネルギーなど分散型電源の比重が高まる方向に大きく変わっていくでしょう。

▶▶ 3段階の改革は「本番」への準備

電力システム改革という用語はもともと、経済産業省が東日本大震災後に着手した電気事業制度見直しの議論に対して用いられました。この時の議論は、2013年4月に閣議決定された電力システムに関する改革方針として結実しました。この改革方針により①電力広域的運営推進機関の設立、②小売全面自由化、③大手電力の発送電分離—という3段階の改革の実施が決まりました。そのため、電力システム改革とは狭義にはこの3つの改革を指し、20年4月の発送電分離をもって完了したことになります。

ですが、本当に改革の名に値する電力システム改革が本格的に始まるのはむしろこれからです。電気事業を取り巻く環境は、13年の改革方針の閣議決定後も変わり続けているからです。15年12月のパリ協定の締結により脱炭素社会への移行に向けた取り組みは現実的課題になっています。そんな中、東日本大震災前は地球温暖化対策の柱と位置づけていた原子力発電の先行きは不透明になり、一方で太陽光発電や風力発電など再エネの劇的な発電コストの低減が世界的に起きています。これにより、脱炭素社会の実現に向けた電源の主役の座が、原子力から再エネへと移っています。

3段階の改革では、広域機関の設立や全面自由化といった制度面の対応によりシステムの供給安定性や効率性の向上を図りましたが、ハード面から見ればあくまでも「大型電源＋長距離送電」という既存システムの中での改革でした。

それに対し、今後の大きな課題として待ち構えるのは、高い供給安定性を維持しつつ、分散型エネルギー機器を中心にした新たな電力需給の仕組みを構築することです。発送電分離の実施と、今回の電気事業法とFIT法の改正がほぼ同じタイミングだったことは象徴的と言えます。狭義のシステム改革の完了は、真の電力システム改革の本格的な始動を告げる号砲でもあります。

10-1 電力システム改革とは

狭義の電力システム改革

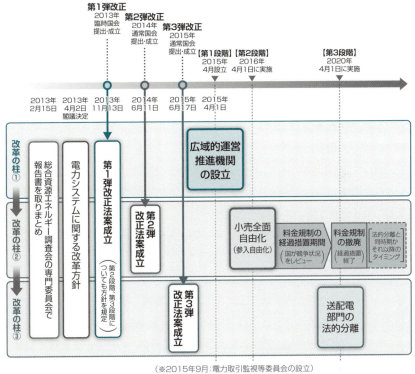

電力システムの変遷

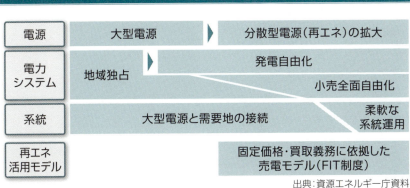

10-2
ネットワークの進化

再生可能エネルギーの主力電源化に向けてネットワークは進化する必要があり、その整備の在り方は大きく見直されます。今後は電力広域的運営推進機関が音頭を取って、全国大で最適なネットワークの形成が進められていきます。

▶▶ 一般送配電事業者が主導

再エネが主力電源となる次世代の電力システムの実現に向けて、**FIP（フィード・イン・プレミアム）**制度の創設など、再エネ支援の仕組みは大きく見直されます。これにより太陽光や風力の発電コストの一層の低減が期待できますが、それだけでシステムの次世代化が完了するわけではありません。

再エネなどの分散型電源をさらに大量に受け入れ続けるためには、デジタル技術を活用し、供給安定性と環境性に優れた進化型の送配電ネットワークを整備する必要があります。その際には、一般送配電事業者に相応のコスト負担が発生します。こうしたコストをできるだけ抑制することも重要な課題です。そういう意味では、これから始まる真の電力システム改革とは、再エネ大量導入時代に適応した新たな電力ネットワークをできるだけ低コストで構築することだとも言えます。

ネットワークの改良は、整備と運用の両面から求められています。そのうち整備プロセスは、今回の**電気事業法**改正で大きく変わることになりました。

現在の仕組みでは、電源接続の要望を受けて系統増強の検討が行なわれます。つまり、一般送配電事業者の対応は原則的に常に受け身にならざるを得ないのです。その結果、再エネの接続要望が各地で増加する中で、つぎはぎ的で非効率な系統形成になってしまい、大きな課題として指摘されていました。大手電力が発電所と送電網の両方を一元的に整備してきた頃には放っておいてもシステム全体の最適化は実現しましたが、そんな予定調和的な時代はとっくに終わっているのです。

そのため、電力広域的運営推進機関が、将来的な電源の配置も加味した**広域系統整備計画**を策定することになりました。一般送配電事業者は同計画に基づいて増強するエリアを主体的に選定し、そこに電源接続を希望する発電事業者を募集します。「一括検討プロセス」という仕組みで、経済合理性があるエリアから順次導入されます。接続までの期間の短縮化など発電事業者にも利点がありそうです。

次世代の送配電ネットワークのイメージ

出典:資源エネルギー庁資料

【送配電ネットワークの今後の課題】
・需要地概念の変容が起こる可能性があるのではないか?
・計量の概念が変容し、商品が多様化するのではないか?
・充電需要の制御により、ネットワーク投資・発電側の投資・運用の最適化が図られるのではないか

【託送のサービスの変質】
分散化(NET-ZEROエネルギー等)の進展で、ネットワークの主な役割が「電気(kWh)を運ぶこと」から、「電力品質の維持」や「バックアップが受けられる」ことに変容するのではないか。かかる変化を踏まえ、適切な課金体系への移行が必要ではないか。

【熱の有効活用】
CO_2を排出する自家発を利用する需要家は現状では賦課金の負担が低いが、低炭素化の促進とどうバランスを取るべきか?

【デジタル技術】
発電、需給予測、グリッド保守管理、電力の最適制御等の各機能に、いかなる革新をもたらすか?

10-3
日本版コネクト&マネージ

ネットワーク運用の面で再生可能エネルギーの導入拡大に対応する新たな手法が、日本版コネクト&マネージです。既存の送電網を最大限有効活用する仕組みで、3つの取り組みが段階的に行われています。

▶▶ 出力抑制を前提に接続

一般論として、接続される電源が増えれば流れる電気の量は多くなるので、送電容量を増強する必要が生じます。容量の増強には当然コストが発生します。そのため、再エネ大量導入とネットワーク費用の抑制を両立するには、現在の送電容量のままでできるだけ多くの電源が接続されることが望ましいです。

こうした問題意識から実施されているのが、**日本版コネクト&マネージ**です。英国の制度を参考にしたためこう呼ばれますが、日本独自の取り組みである部分が少なくありません。具体的には①想定潮流の合理化、②**N−1電制**の実施、③**ノンファーム型接続**電源の導入—という3つの要素からなります。

想定潮流の合理化は実施済みです。一般送配電事業者は物理的な送電容量と送電線に流れると想定される電気の最大量を比較して増強の要否を判断します。その際、安定供給に万全を期すため、接続した全電源がフル稼働した場合を想定していました。ですが、そのような状況はまず起こりません。実際、空き容量ゼロと判断された送電線の利用率が10%台というケースもありました。そこで各電源の稼働実績に基づいて再算出した結果、全国で約590万kWも容量が拡大しました。

N−1電制とは、緊急時用の空き容量を活用するものです。送電線は2回線で構成されており、1回線分は故障に備えて原則的に常に空けています。送電可能な物理量にこの半分の枠も含めます。対象となる電源は、1回線故障時には瞬時に系統から切り離されます。特別高圧以上に接続する新規電源のみを対象に18年10月から運用が始まり、22年度からは下位系統への接続にも適用する計画です。

ノンファーム型接続電源は、**系統混雑**時の出力制御を条件に新規接続を認める電源のことです。実現に向けたハードルは3つの取り組みの中で最も高く、まずは千葉県内の送電線で試行的な取り組みが行われます。経済産業省は21年中の全国展開を目指しています。

10-3 日本版コネクト&マネージ

日本版コネクト&マネージの進捗状況

	従来の運用	見直しの方向性	実施状況(2018年12月時点)
①空き容量の算定合理化	全電源フル稼働	実態に近い想定（再エネは最大実績値）	2018年4月から実施 約590万kWの空容量拡大を確認
②N-1電制（緊急時用の枠を解放）	半分程度を確保	事故時に瞬時遮断する装置の設置により、枠を開放	2018年10月から一部実施 約4040万kWの接続可能容量を確認
③ノンフォーム型（出力制御前提）の接続	通常は想定せず	混雑時の出力制御を前提とした、新規接続を許容	制度設計中

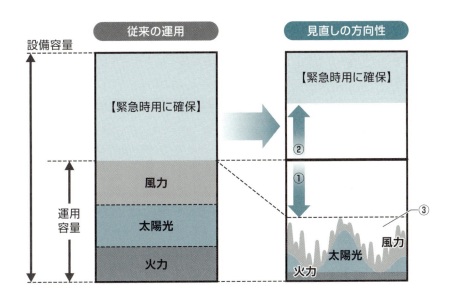

出典：資源エネルギー庁資料

10-4
分散型グリッド、配電事業

電力システムのレジリエンス（強靭性）や効率性の向上の観点から、系統網の分散化が進められます。経済産業省は、送配電網の一部を独立系統として運営する「配電事業」というライセンスを創設します。詳細な仕組みを詰めるのはこれからです。

▶▶ 電力系統上は"離島"

電力ネットワークは、規模が拡大することで**レジリエンス**や効率性が向上するというのが、一般的な常識です。ですが、2018年9月の北海道における**ブラックアウト**や、19年9月に千葉で起きた2週間以上に及ぶ大規模停電は、独立して運用した方がレジリエンスの高まるエリアも存在する可能性を示しました。

例えば、千葉では山間部の鉄塔が倒壊したことが停電の大規模化・長期化の要因だったわけですが、もしもその時、倒れた鉄塔の先の配電エリアが独立運用に切り替え、地域の分散型電源を活用して需給バランスを保つことができれば、そのエリアは停電を免れられたわけです。平時から独立系統として運用することで山間部に建てる鉄塔が不要になれば、電力システム全体のコスト低減にもつながります。

こうした問題意識から、**遠隔分散型グリッド**という新たな電力システムの形態が制度上認められることになりました。地理的には陸続きでも、電力系統的には"離島"となるエリアを部分的に作るということです。実際の離島と同じように、一般送配電事業者が系統運用と小売供給を一体的に担います。

他の系統との物理的なつながりは維持したまま原則的に独立系統として運用する事業類型も導入されます。一般送配電事業者が保有している送配電網の一部の維持・運用業務を他の事業者も担えるようにするもので、**配電事業**というライセンスが創設されます。発電、小売りに続いて、配電事業も部分的に自由化されるわけです。デジタル技術を駆使して地域のエネルギー資源を有効活用するなど、従来の常識に捉われない先進的な系統運用モデルが生まれることが期待されています。

配電事業は、許可制になります。配電事業者には、一般送配電事業者と同様に電圧・周波数維持義務や供給計画の作成・届け出義務などが課されます。今後の詳細設計では、クリームスキミング（需要のうちもうかる部分にのみサービスを供給すること）を防止する仕組みなどが論点になります。

10-4 分散型グリッド、配電事業

配電事業のイメージ

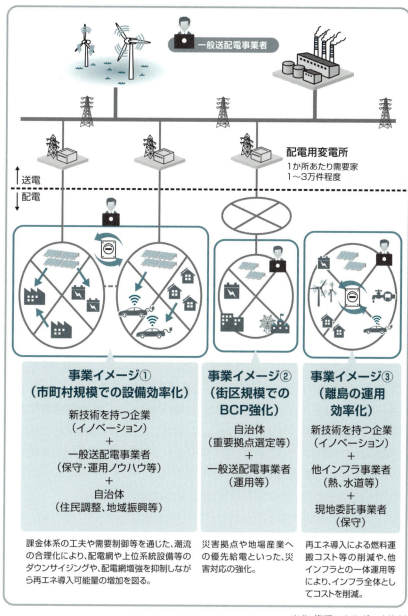

出典：資源エネルギー庁資料

10-5
VPP（仮想発電所）

複数の分散型機器を連携して、単一の発電所のように運用するVPP（仮想発電所）。再生可能エネルギーの出力変動を吸収するとともに、供給力や調整力を提供する新たな主体として期待されています。

▶▶ 実用化を目指して実証中

VPPは、経済産業省が2015年3月に策定した**エネルギー革新戦略**で「電力網上に散在する需要家側のエネルギーリソースを、**IoT**（モノのインターネット）を活用して統合制御し、小売や送電事業者の需給調整に活用する」ものと定義づけられました。その後、実用化に向けた取り組みが本格化しており、全国各地で実証試験が行われています。

エネルギーリソースには、**太陽光発電**などの再エネ、**エネファーム**などの**コージェネレーション**、**蓄電池**といった分散型エネルギー機器の他、空調や照明など消費機器も含まれます。デジタル技術によりこれら機器を統合制御することで、太陽光発電や**風力発電**の不規則な出力変動を吸収します。これにより再エネ電源の導入拡大と電力系統網の安定性維持との両立に貢献するのです。

VPPに携わる事業者の役割は、分散型機器を保有する需要家と直接契約を結ぶ**リソースアグリゲーター**（RA）と、VPP全体を統括者である**アグリゲーションコーディネーター**（AC）に分かれます。ACが複数のRCを束ねて、**日本卸電力取引所**（**JEPX**）の**スポット市場**や**需給調整市場**などに参加します。特に**調整力**の提供主体として需給調整市場で存在感を持つことが見込まれています。今回の**電気事業法**改正で、ACの役割を担うには**アグリゲーター**というライセンスが必要になりました。VPPの信頼性を担保するためで、発電事業者と同等の規制がかかります。

調整力を提供する直接的な機器は蓄電池で、送配電事業者からの指令に応じた細かい充放電を機動的に行なう必要があります。調整力が期待通りに提供されないことは**同時同量**の維持に悪影響を及ぼしかねないため、VPPのシステムとしての信頼性は極めて重要です。実用化に向けて、例えば関西電力が中心の実証試験では、メーカーの異なる複数の蓄電池でも、遠隔から秒単位で一括制御できることを確認しています。

258

10-5 VPP（仮想発電所）

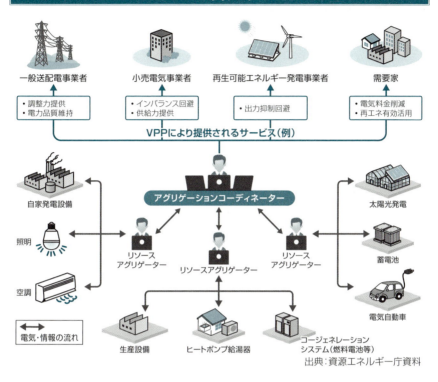

VPPのイメージ

出典：資源エネルギー庁資料

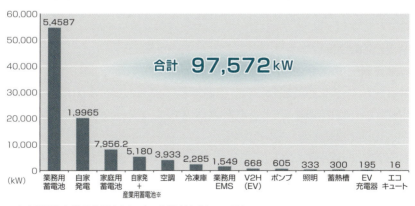

実証試験で導入したリソース（2016・2017年度）

※自家発電と産業用蓄電池をセットで制御対象としているもの

出典：資源エネルギー庁資料

10-6
デマンドレスポンス

デマンドレスポンス (DR) とは、系統全体の需給バランスに応じて需要側機器の使用状況を調整することです。需要を減らすネガワットだけでなく、需給状況によっては逆に需要の創出を求められることもあります。

▶▶ 調整力としてまず活用

9電力体制下では、需要家が必要な分だけ電気を供給する体制を常に維持していることが**大手電力**の矜持でした。ただ、そのことは発電設備を過剰気味に抱えることを意味し、効率性の観点で問題がありました。**総括原価方式**による料金規制により発電所等への投資回収が制度的に保証されていた経営環境だからこそ可能だったとも言えます。

また、いつでも好きなだけ電気の供給を受けられるという状況は、反面として需要家が電気の需給に関与する余地をほとんど持たないことを意味しました。このことは、**東日本大震災**後の**計画停電**の際に問題視されました。そのため、需要家が需給の安定に主体的に関わる**デマンドレスポンス** (DR) の仕組の構築は、経済性と供給安定性の両面から、**電力システム改革**の目的の一つになりました。

こうした経緯からDRの中でまず注目されたのが**ネガワット**です。いわゆるマイナスの供給力で、例えば需要が想定外に増えた際などに、工場が一部設備の稼働を停止して需要を削減するものです。発電出力を100kW上げることと、100kW分の需要を抑制することは、需給バランス上は同じ意味を持ちます。

太陽光発電の導入拡大により再エネの出力抑制が現実化していることで、需要を創出するDRへの関心も高まっています。例えば抑制される時間帯にエリア内の**エコキュート**が一斉にお湯を貯めれば、その分再エネの抑制量を減らせます。太陽光が発電しない夜間にお湯を貯める必要がなくなれば、その分火力発電の稼働が抑制され、CO_2排出量の削減にもなります。

DRの本格的な活用はこれからですが、送配電事業者の**調整力**としての用途が先行しています。2018年度使用分の**調整力公募**では全国で100万kW弱のDRが落札されました。一方、小売事業者の供給力としては、東京電力エナジーパートナーが18年7月に初めて活用しています。

10-6 デマンドレスポンス

DRの種類

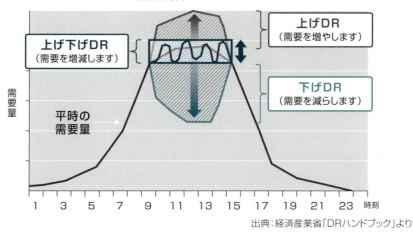

出典：経済産業省「DRハンドブック」より

活用しやすい設備（下げDR）

機器・設備	特徴
空調	・数10kW以上のもの ・高負荷で常用運転しているもの
照明	・執務者の業務に影響を与えない共用部のもの ・調光率制御がしやすいLED照明など
生産設備 （例） ・電気溶解炉・セメント攪拌機・粉砕機・電解槽 ・ティッシュロール製造機・プラスチック押出成形機	・一定程度の生産能力があり、 500kW程度以上の需要抑制が可能なもの ・常用運転している生産ラインなど
自家発	・一定規模のあるもの（500kW級以上など） ・常時は停止または低出力運転をしており、 余力をDRに活用可能なもの
蓄電池	・一定規模のあるもの（10kW級以上など） ・非常用電源用途などで導入しており、 常用運用していないもの
蓄熱槽	・100kW程度以上の蓄熱空調システムなど

出典：経済産業省「DRハンドブック」より

10-7
P2G（パワー・ツー・ガス）・水素発電

次世代のエネルギーである水素をどう組み込むかも、電力システムを再構築する際の課題のひとつです。電気を水素に変えて貯蔵するパワー・トゥ・ガス（P2G）は、CO_2フリーの調整力などとして期待されています。

▶▶ 再エネの有効活用に

　再生可能エネルギーなどさまざまな1次エネルギーから製造可能である**水素**は、エネルギーの供給安定性や環境性の向上に寄与するとして、本格的な利用が目指されています。2017年12月に策定された政府の**水素基本戦略**では、日本が世界に先駆けて水素社会を実現するとの目標を設定しました。エネルギーのさまざまな領域で水素の活用を進める方向性を示しており、**電力システム**の中に水素を組み込む動きも今後進みそうです。

　注目度が高い水素の具体的な活用方法のひとつに、**P2G**（パワー・ツー・ガス）があります。**太陽光発電**や**風力発電**の導入量が拡大することで、需要が供給を上回る時間帯が今後増えることは避けられません。その余ってしまう再エネ由来の電気で水を分解して水素を取り出して保管するのがP2Gです。電気という扱いにくいエネルギーを水素という貯蔵が比較的容易なエネルギーに変換して貯めておくわけです。不安定な出力変動部分を水素製造にまわすことで、系統への負荷を減らすことも期待されています。

　貯めた水素はさまざまな用途で使用できます。**燃料電池**の燃料の他、工場向けの産業ガスや都市ガス原料としての利用も想定されています。再エネ由来の電気を最大限活用することで電力を含めたエネルギー全体の脱炭素化につながるわけです。山梨県などで実用化に向けた実証試験が行われています。

　水素基本戦略では、**水素発電**の商用化も掲げられています。水素の特性に合わせたガスタービンの開発など技術的課題は多くありますが、次世代を担う火力発電として注目されています。2020年頃に**自家発電**、2030年頃に発電事業用の本格導入を目指しています。技術的ハードルの低い天然ガスなどとの混焼方式をまず実現し、その後専焼方式の技術確立に挑む計画です。発電コストは20年代後半に17円/kWh程度という目標が設定されています。

10-7 P2G(パワー・ツー・ガス)・水素発電

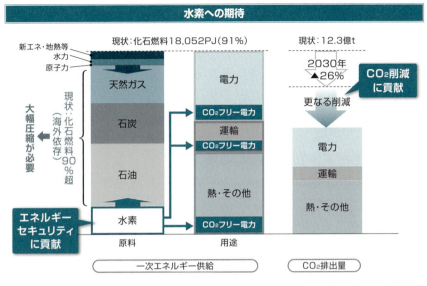

出典:資源エネルギー庁資料

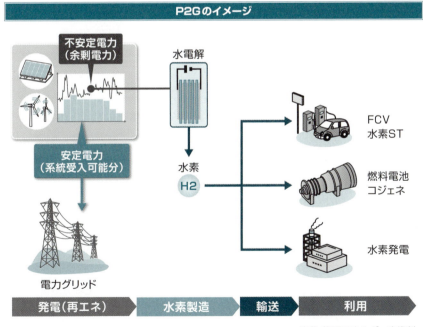

出典:資源エネルギー庁資料

10-8
P2P（直接取引）

再生可能エネルギーなど分散型電源を保有する需要家が他の需要家に直接電気を販売する個人間取引（P2P）。ブロックチェーンなどのデジタル技術を利用することで、将来的に実現すると考えられています。

▶▶ 卒FIT住宅用太陽光が最初の契機

太陽光発電設備を備えた住宅やビルが増えることは、もっぱら電気の買い手だった需要家の中で売り手にもまわる人が増えることを意味します。とはいえ、固定価格買取制度（FIT）を利用している限りは、国の決めた価格で基本的に**大手電力**に売り続けており、需要家側が創意工夫する余地はありません。

その状況が変わり始めています。FITの買取期間が終了する住宅用太陽光が2019年11月から登場しているからです。いわゆる**卒FIT**の電源で、消費者が主体的に電力取引に携わるようになる最初の契機になっています。買取期間終了後の電気のさばき方について、消費者は多様な可能性を持ちます。電力会社に売電するにしても、大手電力だけでなく複数の小売事業者の中から売り先を選べます。現在の**蓄電池**の価格では経済合理性があるとはまだ言えませんが、余った電気を蓄電池に貯めることで可能な限り自家消費することもありえます。

こうした選択肢の一つとして、別の消費者に直接売電することもゆくゆくは現実的になるでしょう。いわゆる**P2P**（直接取引）です。遠く離れた家庭や友人に余った電気をおすそ分けすることも夢物語ではありません。仮想通貨の取引などに使われる**ブロックチェーン**技術により、取引コストの低減や取引の信頼性の担保など実用化のための課題が克服されると期待されています。

P2Pの実現に向けては、大手電力の他、デジタル技術に高い知見を持つ新規参入者などが中心になって、全国各地でさまざまな実証実験が行われています。例えば、関西電力は実際に人が生活する住居を組み入れた実証を石川県内の大学キャンパスで20年2月から実施しており、早ければ22年度の事業化を目指しています。

発電コストの低下によりFIT制度に最初から依存しない再エネ電源も今後は増えていきます。買取期間終了後の設備も含めたFITに依存しない再エネの電気がどう消費されるかは、再エネ主力電源化の観点からも注目されます。

10-8　P2P（直接取引）

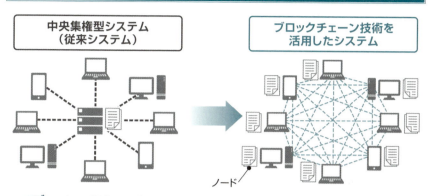

ブロックチェーン技術（分散型台帳技術）とは

ブロックチェーン技術の特性
- 各ノードがトランザクション履歴を共有するため、システムの単一障害点がなく、『実質ゼロ・ダウンタイム』を実現可能
- トランザクション履歴は順番にブロックに格納され、各ブロックが直前のブロックとつながっているため『改ざんが極めて困難』
- ノードへの分散やコンセンサス方式などの要素を組み合わせることにより、同程度の堅牢性を持つシステムを、従来システムに比較して『安価』な構成で達成することが可能

出典：経済産業省資料

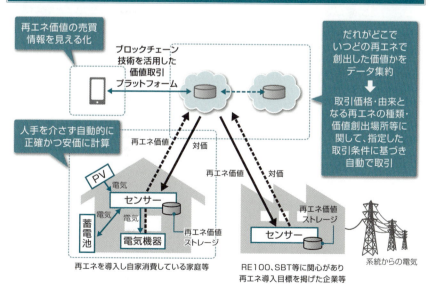

再エネ価値のP2Pも可能に

出典：環境省資料

10-9
ワイヤレス給電

ワイヤレス給電の利用拡大は、今後の電力取引のあり方に大きな変化を与える可能性があります。有望な技術開発が進んでおり、いつでもどこでも気軽に電気を買える状況がやがて普通になるかもしれません。

▶▶ 磁界共鳴方式に注目

ワイヤレス給電とは、コンセントとコードでつながなくても電化製品等に電気を送ることができる技術です。すでに一部の機器で商用化されています。その代表例が電動歯ブラシです。ただ、多くの電化製品にはわざわざコードをなくす積極的な必要性がなく、技術開発を進める誘因は強くありませんでした。

そのためか、現在実用化されている電磁誘導の原理を応用した技術には課題が少なくありません。単位時間当たりの給電量は有線の場合より少なく、給電する際の電化製品を置く位置などにも制限がありました。

そうした使い勝手の悪さが**磁界共鳴方式**という新たな給電方法の登場により克服されようとしています。磁界共鳴方式は従来の技術に比べて、電気を送る地点と給電が必要な製品が離れていても給電できるなどの特徴があります。多くの電気を短い時間で送ることも技術的に可能だと考えられています。ワイヤレス給電には他にも、電気を電波に変換して送る方式などがあり、実用化が目指されています。

こうした技術開発動向と、分散型電源の導入拡大やデジタル技術の進歩が組み合わさることで、電気の取引形態の多様化がさらに進む可能性は高そうです。例えば、**ブロックチェーン**技術を活用した取引とワイヤレス給電を組み合わせれば、外出先でスマートフォンやノートパソコンの充電をそれと意識することなく決済まで済ませることが可能になるかもしれません。消費者にとってワイヤレス給電することの具体的なメリットが生まれるのです。

このような取引が広く行われるようになれば、電気の売り方も買い方もより柔軟になっていくでしょう。電気の契約主体は住宅ごとでなく、携帯電話のように個人ごとになる可能性もあります。電気を購入する先が、**P2P**（直接取引）を含めて、そのつど変わることもありえます。ワイヤレス給電の普及は、**電力システム**や電気事業者の事業モデルのあり方に大きな影響を及ぼしうるのです。

266

10-9 ワイヤレス給電

ワイヤレス給電の代表的な方式

原理・方式			伝送距離	
非放射型 効率○ 距離×	電界結合	電界共鳴	～数cm	
	磁界結合	電磁誘導	～数cm	1990年代頃から多くの分野で実用化。TDKでも開発。
		磁界共鳴	～数10cm	2006年にMITで研究論文発表。世界的に開発が進められている方式。TDKでも開発。
放射型 効率× 距離○	マイクロ波		～数m	
	レーザ		～数m	

※伝送距離は一般的なシステムの例

出典：TDKホームページより

将来的な実用化例

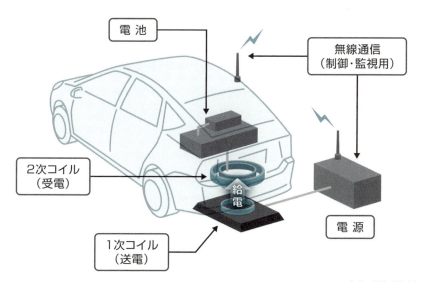

出典：総務省資料

第10章 次世代の電力システム

267

10-10
プラットフォーム型ビジネス

電力システムが分散型電源中心へと移行し、取引形態が多様化する中で、電力会社の事業モデルも変わっていくでしょう。大手電力は新たな時代でも市場の覇者になるべく、着々と準備を進めています。

▶▶ 新たな事業モデルを構築

分散型電源を中心とした新たな**電力システム**への転換は、**大手電力**にとって大きな脅威です。大型電源を多く保有することが競争力の源泉でしたが、そのことが逆に大きなリスクになるからです。**原子力発電**や**石炭火力**を持つことが強みだとはもはや言えません。自動車の電動化により、内燃機関の高い技術を持つ自動車メーカーの優位性が失われることと構図は似ているかもしれません。

大手電力はそのことに当然気づいており、自ら電気を売って稼ぐという従来型の事業モデルに加えて、電気を取引するプラットフォームを提供することで収入を得るという新たな事業モデルの構築に乗り出しています。分散型電源を誰が保有するかは別にして、自分たちが関与できる状況に置くことが狙いです。

例えば東京電力は、**デマンドレスポンス**（DR）などの知見を持つ新電力と提携し、**VPP**のプラットフォームの構築を目指しています。実用化後は**アグリゲーションコーディネーター**（AC）として多くの分散型機器を傘下に収めようとしています。また、ベンチャー系新電力との提携などを通じて、住宅用**太陽光発電**など分散型電源を活用した新たな事業モデルの構築などにも取り組んでいます。

中部電力は取引主体の多様化やP2P（直接取引）の実現を見据え、顧客参加型の電気の新たな取引サービスを開始しています。自宅で発電した電気を離れて暮らす家族などに融通したり、昼間発電した太陽光の電気を中部電が一時「保管」し、自宅で夜使えるようにしたり、様々な取引ニーズに対応する戦略です。

この2社以外にも、大手電力が新たな発想や技術力を持つ**新電力**を資本参加などにより取り込む動きは活発です。ただ、自由化の理念からは、大手電力に正面から対抗する新規参入者が現われることも期待されています。新電力として存在感を高める大手都市ガス会社や通信事業者の動向も注目されています。新たな電力システムのもとで、市場の勝者となるのは誰でしょうか。

10-10 プラットフォーム型ビジネス

新たな事業機会が生まれる

電力会社の新ビジネス・他産業連携の可能性

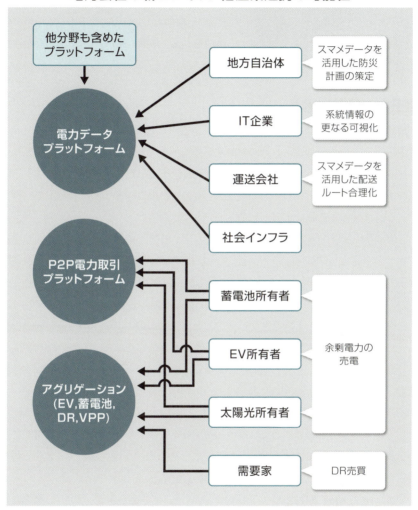

出典：資源エネルギー庁資料

10-11
小型モジュール炉

原子力分野でも次世代に向けた研究開発は行なわれています。その中で安全性に優れた新型炉として注目されているのが、小型モジュール炉（SMR）です。大型の軽水炉に比べて、柔軟な運用が可能になります。

▶▶ 原子力の分散型電源

福島第一原発の事故を受けて、原発の安全性への疑義は世界的に高まりました。再生可能エネルギーのコスト低減が急速に進む一方で、原発の建設費は安全性強化などにより逆に上昇しており、原発推進の政策を取る国でも原発の先行きは不透明感が増しています。日本政府が旗を振った英国やトルコなどへの原発輸出プロジェクトはいずれもうまくいっていません。

このように原子力産業にとって暗い話題が多い中で、業界の未来を明るく照らす次世代の原発として注目されているのが、小型モジュール炉（SMR）です。いわば、原子力の分散型電源で、現在の最新鋭の軽水炉が200万kW近くまで大型化しているのに対して、SMRの規模は大きくても30万kW程度です。

発電に必要な設備を工場で生産し一つのモジュールの中に全部組み込む構造のため、工期を大幅に短縮でき、建設費用も比較的安価になります。大型の軽水炉に比べて安全性が大きく向上する他、再生可能エネルギーの不規則な出力を吸収する調整力の役割も果たせると言います。

SMRの開発には、米国、英国、中国、カナダなどが力を入れて取り組んでいます。一定の経済性が見込めるようになれば、2020年代後半にも商用化される可能性があります。安全性の高さが多くの人々に認められる原発が開発されることは、脱炭素社会の実現に向けて望ましいことかもしれません。

今後の研究開発に期待がかかる炉型はSMR以外にもあります。例えば、高温ガス炉は発電だけでなく熱の利用も可能です。商業ビルなど地域の暖房用途に使える低温熱の他、1,000度近くに達する高温熱も利用でき、水素製造のエネルギー源となる可能性も秘めています。安全性にも優れていると言います。冷却材にヘリウムを使用することで爆発の危険性が低くなる他、放射性物質を閉じこめる機能も高くなります。

10-11 小型モジュール炉

小型モジュール炉の開発動向

米国NuScaleのSMR

・1モジュールの出力は5万kW。
・最大12個のモジュールを追加的に設置可能。
・自然循環による受動的な崩壊熱除去。
・負荷追従運転も見据えた設計。

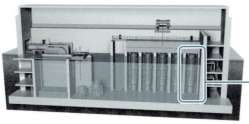

出典：資源エネルギー庁資料

高温ガス炉の特徴

セラミックス被覆燃料

1600℃でも放射性物質を閉じ込める

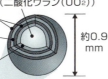

- 燃料核（直径約0.6mm）（二酸化ウラン（UO_2））
- 高密度熱分解炭素
- 炭化ケイ素
- 低密度熱分解炭素
- 約0.9mm

被覆燃料粒子

39mm
直径26mm

黒鉛構造材

耐熱温度 2500℃

360mm
燃料体

ヘリウム冷却材

高温でも安定
（温度制限なし）

出典：文部科学省資料

10-12
国際送電網

国境をまたいで送電線を整備することは、欧州など海外では一般的に行われています。系統規模の拡大により再生可能エネルギーの導入可能量が増えるなどの利点があり、北東アジアでもようやく機運が高まっています。

▶▶ 日本は慎重な姿勢

四方を海に囲まれた日本では、電力を海外から購入するという発想がそもそも生まれにくいですが、**国際送電網**を整備して隣接する国と電力を輸出入することは実は世界的には珍しくありません。特に欧州では日常的に活発な取引が行われており、日本と同じ島国であるイギリスも欧州大陸と送電線を結んでいます。

送電網の国際連系は、エネルギー安全保障上のリスク分散の手段として有効であることに加え、送電事業者にとっては新たな事業機会になります。送電網の規模が拡大することで、**太陽光発電**など出力変動が不規則な電源の接続可能量が増えるという利点もあります。そのため、北東アジアでも、国際送電網を整備する機運が高まっています。中国や韓国の電力会社が近年相次いで構想を提示した他、2017年9月にはロシア政府が極東地域での国際送電網整備に賛意を表明しました。

関係国の中で最も対応が遅れているのは日本です。新たな**電力システム**を検討する上で送電網の国際連系という視点は本来欠かせないはずですが、電力政策の議論で正面から取り上げられたことはありません。

そんな中、ソフトバンクの孫正義会長が2011年9月に設立したシンクタンク自然エネルギー財団は独自に「アジア国際送電網研究会」を設置し、国内の機運醸成に力を注いでいます。18年6月に公表された同研究会の第2次報告書では、日本と韓国、ロシアを結ぶ送電線の費用対便益を試算し、事業性が十分見込めると結論づけました。例えば、京都府舞鶴市と韓国・釜山間に200万kWの送電線を敷設する場合、関西電力エリアの託送料金に1kwh当たり0.06円を上乗せすれば投資費用は回収可能だといいます。

東日本大震災の時点で日本とサハリンが200万kWの送電線で結ばれていたら、首都圏の**計画停電**は防げたとの指摘もあります。日本と韓国やロシアが送電線でつながる日は来るのでしょうか。

10-12 国際送電網

アジア・スーパーグリッド構想

出典：アジア国際送電網研究会中間報告書より

韓国から関西エリアの需要地に

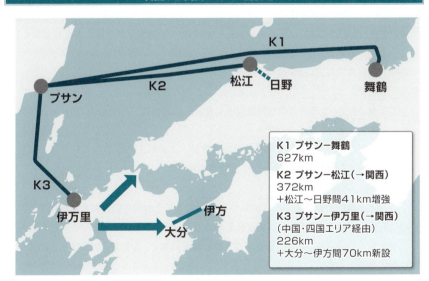

K1 プサンー舞鶴
627km

K2 プサンー松江(→関西)
372km
+松江～日野間41km増強

K3 プサンー伊万里(→関西)
(中国・四国エリア経由)
226km
+大分～伊方間70km新設

出典：アジア国際送電網研究会第2次報告書より

国際送電網と21世紀のアジア主義

　北東アジアでは、不安定な政治状況が続いています。日本は中国、韓国、ロシアとそれぞれ領土問題の懸案を抱えています。こうしたことから、北東アジアを送電線でつなぐことには、エネルギー安全保障上の新たなリスクを抱え込むことになるとの指摘があります。ですが、本当にそうでしょうか。むしろ経済的に相互依存の関係を強めることが、政治的緊張の融和を促し、中長期的に見て友好な外交関係の構築につながるとも考えられます。

　経済的に閉じる姿勢が、武力行使へのハードルを下げることは歴史が証明しています。1929年の世界恐慌を契機として、列強が自由経済政策を放棄してブロック経済圏を志向する保護主義に傾倒したことが、第二次世界大戦勃発の一因になりました。そう考えれば、政治的関係が必ずしも良好ではない今だからこそ、北東アジアの国際送電網構想は前に進める意義が大きいという見方もできます。

　戦後を振り返れば、日本人は、アジアから唯一のG7（主要国首脳会議）参加国として、北東アジアの近隣諸国よりも欧米先進国の方に精神的な近さを感じていたように思います。米国からは文化的な影響も強く受ける一方で、例えば韓国は独立後長らく、日本文化の流入を規制してきました。地理的な近接性とは裏腹に、情報の流通という意味では日本海に深い断絶があったのです。

　ですが、そうした日本人の自意識はあくまでも戦後形成されたものです。戦前の多くの日本人にとってアジアはアイデンティティの一部でした。アジアの人民が手を携えて白人国家の帝国主義に対峙するというアジア主義の思想の根底には、中国や朝鮮の人々に対するアジアの同胞という意識が確かにありました。

　アジア主義の思想はもちろん結果から見ればアジア諸国への侵略を正当化する論理に転化しました。そのことが現在に至るまでの政府レベルにおける緊張関係の継続につながっているわけです。日本が前世紀の轍を踏まず、北東アジア諸国との関係をいかに良好なものにするかは大きな国家的課題です。こうした文脈において、国際送電網の実現が平和友好的な21世紀のアジア主義の象徴たり得る可能性を持つとは言えないでしょうか。

索引
INDEX

英数

AI･･････････････････････････････ 30
BWR･･････････････････････ 54、56
CCS ･･････････････････････････ 44
CCUS･････････････････････････ 44
EUE ･･････････････････････････ 16
FIP ･･････････････････････ 118、252
FIT ･･････ 114、120、128、130、144、
　　　　　150、204、222、228、264
FIT法 ･･････････････････････････250
IoT ･･･････････････････ 30、152、258
IPP ･･････････････････ 216、218、220
JEPX ････････････････････････258
JERA ･･････････････････････ 24、218
Jパワー ･････ 36、78、82、214、218、
　　　　　220、236
kWh価値 ･･････････････････････214
kW価値 ･･････････････････ 214、246
LNG火力 ･･････････････････････ 46
N－1電制 ･････････････････････254
NaS電池 ･･･････････････ 144、158
P2G ･････････････････････････262
P2P ･･････ 88、150、264、266、268
PPA ･･････････････････････････120
PPS ･････････････････････････164
PWR･･････････････････････ 54、56
RE100 ･･･････････････････････ 26
VPP ････････････････････ 258、268
ZEB ･････････････････････････154
ZEH ･････････････････････････154
ΔkW価値 ･････････････････････214
3E＋S ･････････････････････ 32、46
9電力体制 ･･･ 24、76、108、162、166、
　　　　　188、214、218、260

あ行

アグリゲーションコーディネーター
･････････････････････････ 258、268
アグリゲーター ･･･････････ 150、258
一般送配電事業者･･････ 82、166、242
一般電気事業者････････････････166
インバランス･･･････････････････ 92
エコキュート･･････････････････260
エネファーム ･････････ 142、158、258
エネルギー革新戦略･････････････258
エネルギー供給構造高度化法･･････184
エネルギーマネジメント ･････････ 28
エネルギーマネジメントシステム
････････････････････････ 152、158
遠隔分散型グリッド ･････････････256
オイルショック ････ 36、48、192、236
大手電力････ 22、30、46、56、60、76、
　　　　　86、98、104、164、170、
　　　　　188、202、214、234、
　　　　　240、250、260
大手電力グループ･･････････ 82、84
卸電気事業者･･･････ 214、218、220

か行

会計分離････････････････････182
回避可能費用･･･････ 114、204、222
海洋温度差発電････････････････134
海流発電･･････････････････････134
科学的特性マップ･････････････ 70
核燃料サイクル･････････････ 64、68
火主水従･･････････････････ 36、48
間接オークション ･･････ 104、106、224
間接送電権････････････ 106、222、230
北本連系線････････････････････ 78

275

競争電源・・・・・・・・・・・・・・・・・・・・・・・・ 118
京都議定書・・・・・・・・・・・・・・・・・・・・・・・・ 164
グロスビディング・・・・・・・・・・・・・・・・・・ 226
計画値同時同量・・・・・・・・・・・・・・・・ 90、92
計画停電・・・・ 20、96、158、260、272
経過措置料金・・・・・・・・・・・・・・・・・・・・・・ 188
軽水炉・・・・・・・・・・・・・・52、54、64、270
系統混雑・・・・・・・・・・・・・・・・・・・・・・・・・・ 254
系統電力・・・・・・・・・・ 86、122、138、202
ゲートクローズ・・・・・・・・・・・・・・・・ 90、240
下水熱・・・・・・・・・・・・・・・・・・・・・・・・・・・・ 156
原子力・・・・・・・18、22、26、36、52、56、
　　　　　58、60、102、112、270
原子力エネルギー協議会・・・・・・・・・・・・・ 60
原子力規制委員会・・・・・・・・・・・・・・・・・・ 58
原子力発電・・・・・・・・・・・・・・・・・・ 250、268
高圧一括受電サービス・・・・・・・・・・・・・・ 170
広域系統整備計画・・・・・・・・・・・・・・・・・・ 252
広域メリットオーダー・・・・・・・・・・・・・・・ 104
高温ガス炉・・・・・・・・・・・・・・・・・・・・・・・・ 270
高速増殖炉・・・・・・・・・・・・・・・・・・・・64、66
高速炉・・・・・・・・・・・・・・・・・・・・・・・・・・・・ 66
小売電気事業者・・・・86、166、168、170、
　　　　　206、224、228、
　　　　　246
高レベル放射性廃棄物・・・・・・・・・・・・・・・ 70
コージェネレーション
・・・・・・・・・・・・・・・・ 82、138、158、258
小型モジュール炉・・・・・・・・・・・・・・・・・・ 270
国際送電網・・・・・・・・・・・・・・・・・・・・・・・・ 272
コンバインドサイクル発電・・・・・・・・・・・ 42

さ行

災害時連携計画・・・・・・・・・・・・・・・・・・・・ 82
再生可能エネルギー
・・・・ 18、22、38、46、82、102、112、
　　　122、140、156、196、214、
　　　222、246、262、270

再生可能エネルギー発電促進賦課金
・・・・・・・・・・・・・・・ 114、116、198、204
最大電力・・・・・・・・・・・・・・・・・・・・・・ 16、28
サイバーセキュリティ・・・・・・・・・・・・・・ 30
先物市場・・・・・・・・・・・・ 222、230、238
先渡市場・・・・・・・・・・・・・・・・・・ 222、230
三段階料金・・・・・・・・・・・・・・・・・・・・・・・・ 192
自営線・・・・・・・・・・・・・・・・・・・・・・・・・・・・ 86
磁界共鳴方式・・・・・・・・・・・・・・・・・・・・・・ 266
自家消費・・・・・・・・・ 28、122、152、154
自家発電・・・ 58、86、104、138、148、
　　　　　164、216、218、220、262
時間前市場・・・・・・・・・・・・ 92、222、228
資源エネルギー庁・・・・・・・・ 58、70、180
自己託送・・・・・・・・・・・・・・・・・・・ 86、104
市場分断・・・・・・・・・・・・・・・・・・・・ 106、230
周波数変換所・・・・・・・・・・・・・・・・・・・・・・ 78
自由料金・・・・・・・・・・・・・・・・・・・・ 174、188
需給調整市場・・・・・・・ 96、98、242、258
省エネルギー・・・・・・・・・・・・・・・・・・28、30
常時バックアップ・・・・・・・・・・・・・ 232、234
使用済燃料再処理機構・・・・・・・・・・・・・ 64
使用済燃料対策推進計画・・・・・・・・・・・・・ 68
所有権分離・・・・・・・・・・・・・・・・・・・・・・・・ 182
新規制基準・・・・・・・・・・・・・・・・・・・・58、60
新電力・・・ 84、90、104、148、164、
　　　　　188、196、204、216、234、
　　　　　240、246、268
水主火従・・・・・・・・・・・・・・・・・・・・・・・・・・ 36
水素・・・・・・・・・・ 140、142、262、270
水素基本戦略・・・・・・・・・・・・・・・・・・・・・・ 262
水素発電・・・・・・・・・・・・・・・・・・・・・・・・・・ 262
垂直一貫体制・・・・・・・・・ 162、166、188
スポット市場・・・・・・ 92、94、104、106、
　　　　　222、224、226、
　　　　　228、230、258
スマートコミュニティ・・・・・・・・・・・・・ 158
スマートメーター・・・・・・・・・・・・ 30、148

石炭火力・・・18、26、42、44、46、130、146、172、236、268

石油火力・・・・・・・・・・・・・・・18、26、48

接続供給・・・・・・・・・・・・・・・・・84

雪氷熱・・・・・・・・・・・・・・・・・・156

全固体電池・・・・・・・・・・・・・・・144

先着優先・・・・・・・・・・・・・104、106

全電源喪失・・・・・・・・・・・・・・20、58

全面自由化・・・48、90、180、188、196、202、204、206、220、222、228、250

総括原価方式・・・・190、196、204、260

相互扶助制度・・・・・・・・・・・・・・82

送電事業者・・・・・・・・・・・・・・・82

卒FIT ・・・・・・・・・・・・・122、150、264

た行

大規模水力・・・・・・・・36、164、172、236

太陽光発電・・・16、40、88、102、112、120、142、150、218、246、250、260、272

託送・・・・・・・・・・・・・・・・・・・・84

託送料金・・・・・84、100、148、180、202、204、206、240

地域活用電源・・・・・・・・・・・・・・・118

地域独占・・・・・76、82、84、162、164、188、202、206、214、218

地球温暖化・・・26、28、32、38、42、46、56、112、154、164、192、250

蓄電池・・・・・・・86、144、146、152、158、258、264

地中熱・・・・・・・・・・・・・・・・・・156

地熱発電・・・・・・・・・・・・・112、128

中間貯蔵・・・・・・・・・・・・・・・・・68

中小水力発電・・・・・・・・・・・・・・・132

長期固定電源・・・・・・・・・・・・・・・102

調整力・・・・240、242、258、260、270

調整力公募・・・・・・・・・・180、242、260

調達価格等算定委員会・・・・・・・・・・・114

潮流発電・・・・・・・・・・・・・・・・・134

適正な電力取引の指針・・・・・・・・・・・234

デジタル化・・・・・・・・・・・・・・・・30

デマンド・レスポンス ・・・・・・・・・・96

デマンドレスポンス
・・・・150、196、240、242、260、268

電圧・・・・・・・・・・・・・・・・・・・12

電気事業低炭素社会協議会・・・・・・・・・・184

電気事業法
・・・86、86、98、150、216、250、252

電気自動車・・28、144、146、152、154

電源開発促進税・・・・・・・・・・・・・・204

電源三法交付金・・・・・・・・・・・・・・204

天然ガス火力・・・・・・18、26、36、42、46

電流・・・・・・・・・・・・・・・・・・・12

電力・ガス取引監視等委員会
・・・・102、180、200、206、222、226

電力系統利用協議会・・・・・・・・・・・・98

電力広域的運営推進機関
・・・・・・・28、98、100、246、250

電力システム ・・・・12、14、16、18、20、22、26、30、32、262、266、268、272

電力システム改革・・・・・・・・・・250、260

電力システムに関する改革方針・・・・・・250

同時同量・・・・・88、90、92、94、108、228、258

特定規模電気事業者・・・・・・・・・164、166

特定供給・・・・・・・・・・・・・・・・・86

特定送配電事業者・・・・・・・・・・・・・82

トラッキング ・・・・・・・・・・・・・・・244

な行

日本卸電力取引所・・・・92、94、104、106、114、180、196、216、218、222、246、258

索引

277

日本発送電・・・・・・・・・・・・・・・・・162
日本版コネクト＆マネージ・・・・・98、254
ネガワット・・・・・・・・・・・・・・・・・・260
燃料電池・・・・・・・・86、140、152、262
燃料電池コージェネレーション・・・・・・142
燃料費調整制度・・・・・・・・・・・・・・194
ノンファーム型接続・・・・・・・・・・・・254

は行

バイオマス発電・・・・・・・・・・・・102、116
配電事業・・・・・・・・・・・・・・・・・・256
発送電分離・・・・・・・24、84、250、200
発電側基本料金・・・・・・・・・・・・・・208
発電事業者・・・・88、90、94、100、166、
　　　　　　218、220、222、240、
　　　　　　242、246
バランシンググループ・・・・・・・・・・・・92
パリ協定・・・・・・26、32、46、184、250
波力発電・・・・・・・・・・・・・・・・・・134
ピーク電源・・・・・・・・・・・・・・・・・・18
東日本大震災・・・18、28、32、42、56、
　　　　　　66、74、98、142、
　　　　　　158、164、172、198、
　　　　　　216、224、234、250、
　　　　　　260、272
非化石価値・・・・・・・・・・・・・・214、222
非化石価値取引市場・・・・・・・・・・・・184
非化石電源・・・・・・・・・・・・・184、244
ビッグデータ・・・・・・・・・・・・・・・・・30
フィード・イン・プレミアム・・118、252
風力発電・・・・46、102、112、116、124、
　　　　　　246、250、258、262
福島第一原発・・・20、24、32、56、58、
　　　　　　62、64、112、178、
　　　　　　270
部分供給・・・・・・・・・・・・・・・・・・234
ブラックアウト・・・・・・14、78、98、108、
　　　　　　122、256
振替供給・・・・・・・・・・・・・・・・82、84

プルサーマル発電・・・・・・・・・・・・・・64
ブロックチェーン・・・・・・・・・・264、266
分散型電源・・・・・・・・・・・・・・22、32
ベースロード市場・・・・106、172、222、
　　　　　　232、234
ベースロード電源・・・・18、38、44、46、
　　　　　　48、56、128、
　　　　　　172、232

ま行

ミドル電源・・・・・・・・・・・・・・・18、46
みなし小売電気事業者・・・・・・・・・・・166
もんじゅ・・・・・・・・・・・・・・・・・・・66

や行

洋上風力発電・・・・・・・・・・・・・・・126
揚水発電・・・・・・・・・・40、102、226
容量市場・・・・・・・・・・・・・・・98、246

ら行

ライセンス制・・・・・・・・・90、220、240
リソースアグリゲーター・・・・・・・・・・258
リチウムイオン電池・・・・・・・・・・・・144
離島供給・・・・・・・・・・・・・・・・・・202
レジリエンス・・・・・・・・・・・・・118、256
レドックスフロー電池・・・・・・・・・・・144
レベニューキャップ・・・・・・・・・・・・210
連系線・・・・76、78、82、98、102、104、
　　　　　　106、108

わ行

ワイヤレス給電・・・・・・・・・・・・・・・266

著者紹介

木舟 辰平 (きふね しんぺい)

1976年生、東京都八王子市出身。一橋大学社会学部卒。編集プロダクション、出版社勤務を経て、2004年から10年まで月刊エネルギーフォーラム記者として電気事業制度改革や原子力政策などエネルギー問題を取材。社会人大学院博士前期課程、物流専門紙記者を経て、14年からガスエネルギー新聞記者として電力政策等を担当。著書に『よくわかる最新　発電・送電の基本と仕組み』(秀和システム刊)、『電力自由化がわかる本』(洋泉社刊、共著)。

図解入門ビジネス
最新電力システムの基本と仕組みが
よ～くわかる本［第2版］

発行日	2020年　7月25日	第1版第1刷
	2021年　6月15日	第1版第3刷

著　者　木舟　辰平

発行者　斉藤　和邦
発行所　株式会社　秀和システム
　　　　〒135-0016
　　　　東京都江東区東陽2-4-2　新宮ビル2F
　　　　Tel 03-6264-3105（販売）　Fax 03-6264-3094
印刷所　三松堂印刷株式会社　　　Printed in Japan

ISBN 978-4-7980-6206-8 C0050

定価はカバーに表示してあります。
乱丁本・落丁本はお取りかえいたします。
本書に関するご質問については、ご質問の内容と住所、氏名、
電話番号を明記のうえ、当社編集部宛FAXまたは書面にてお
送りください。お電話によるご質問は受け付けておりませんの
であらかじめご了承ください。